功能陶瓷显微结构图册

祝炳和　王依琳　邱传贡　著

北　京

冶 金 工 业 出 版 社

2018

内 容 简 介

本书收录了中科院上海硅酸盐研究所在功能陶瓷研究中所获得的部分显微结构图像，包括陶瓷内部呈现的功能过程细节，电畴在晶界处的萌发、生长及取向排列，空间电荷在晶界区的阻留，不同应力状态的晶界，高应变能的晶界区，晶粒在烧结过程中的异常生长，晶粒的壳芯结构，以及陶瓷产品生产中出现的缺陷等约一百幅。此外，还介绍了功能陶瓷的生产技术发展和主要应用。

本书可供从事无机材料研究、生产的科研人员阅读，也可供大专院校从事无机非金属材料专业的师生参考使用。

图书在版编目（CIP）数据

功能陶瓷显微结构图册 / 祝炳和，王依琳，邱传贡著 . —北京：冶金工业出版社，2018. 1
　ISBN 978-7-5024-7612-0

　Ⅰ . ①功⋯　Ⅱ . ①祝⋯　②王⋯　③邱⋯　Ⅲ . ①功能材料—陶瓷—显微结构—图集　Ⅳ . ① TQ174.75-64

　中国版本图书馆 CIP 数据核字（2017）第 256443 号

出版人　谭学余
地　　址　北京市东城区嵩祝院北巷 39 号　邮编 100009　电话　(010)64027926
网　　址　www.cnmip.com.cn　电子信箱　yjcbs@cnmip.com.cn
策划编辑　张　卫　责任编辑　夏小雪　美术编辑　彭子赫
版式设计　孙跃红　责任校对　王永欣　责任印制　牛晓波
ISBN 978-7-5024-7612-0
冶金工业出版社出版发行；各地新华书店经销；北京博海升彩色印刷有限公司印刷
2018 年 1 月第 1 版，2018 年 1 月第 1 次印刷
169mm×239mm；　8 印张；150 千字；109 页
58.00 元

冶金工业出版社　投稿电话　(010) 64027932　投稿信箱　tougao@cnmip.com.cn
冶金工业出版社营销中心　电话　(010) 64044283　传真　(010) 64027893
冶金书店　地址　北京市东四西大街 46 号（100010）　电话　(010) 65289081（兼传真）
冶金工业出版社天猫旗舰店　yjgycbs.tmall.com
（本书如有印装质量问题，本社营销中心负责退换）

前　言

本书收集了上海硅酸盐研究所原四室在功能陶瓷研究中所获得的显微结构图像，包括在外电场作用下，陶瓷内部呈现的功能过程细节，电畴在晶界处的萌发、生长及取向排列，空间电荷在晶界区的阻留，不同应力状态的晶界，常常是材料性能老化根源的高应变能晶界区，常引发陶瓷产品废品根源的晶粒在烧结过程中的异常生长，主要是由晶粒异常生长所决定的 PTC 半导瓷显微结构的发展和形成，晶粒的壳芯结构，通过热腐蚀及化学腐蚀显示的晶界迁移和电畴排列的细节，以及陶瓷产品生产中出现缺陷的分析等共约一百幅。

本书适合于从事无机材料研究、生产、教学的科研技术人员，以及相关的大专院校师生参考使用。本书同样对在生产企业从事生产工艺改进、材料性能提高、降低产品损耗的技术人员也有较好的指导作用。

殷庆瑞、祝炳和与曾华荣于 2005 年曾共同编著《功能陶瓷显微结构、性能与制备技术》（由冶金工业出版社出版）。由于当时内容要求所限，有关功能陶瓷的显微结构图像未能在书中充分展示，尤其是一些反映功能陶瓷产品缺陷的显微结构图像。例如，晶粒异常生长、晶界缺陷、晶界应力及性能等。为了充分反映功能陶瓷材料显微结构的全貌，也为了更好地展示与分析不同的显微结构导致产品性能、质量上的差异，我们精选了 100 幅左右的显微结构图像，以供我国从事功能陶瓷基础与应用研究的科研人员及企业生产技术人员参考，也是为了记录中科院上海硅酸盐研究所在研究功能陶瓷材料中遇到的一些经历和曲折，让后来者从中吸取有益的经验，进而为研究性能更好、更适合市场需求的新材料，为实现两个一百年的伟大目标做出贡献。

在陶瓷科学中，材料制造工艺—显微结构—性能和应用，它们之间有着统一的多边联系。显微结构一方面记录了材料在制造工艺过程中的一些信息，另一方面又确定了材料性能的优劣。因此，显微结构的研究，可以说是材料研究的核心领域。材料在制造工艺中的许多细节，会在其显微结构中反映出来。许多显微结构图片会反映出材料制备工艺和最后材料性能之间的制约关系。例如，通氧烧结使 PLZT 陶瓷透明度显著提高，陶瓷原料制备方法也影响所制出陶瓷的性能。在 PTC 半导瓷的制造中，希望它的电阻温度系数 α 值要高。研究表明，用化学溶液制备粉体，其均匀性佳，使相变温度狭窄，从而 α 值大；而固相反应法制出粉料，其均匀性差，因此相变温区宽，使 α 值较低。此类因果关系，最后在制出材料的显微结构中，都可以反映出来。

在先进陶瓷材料的应用中，70% 应用为电子领域。对这些功能材料所要求的力学、电气、磁、光等性能，均与材料内部的显微结构密切相关，特别是和晶界有密切的联系。晶界是显微结构中最活泼的组元，它对陶瓷材料中所发生的许多功能过程和性质会产生很大影响。普通电子陶瓷是多相、不透明的，对外电场也不敏感，因此当外部环境变化，常难于观察到其内部变化；而透明铁电陶瓷为单相，无气孔且透明，含极少杂质，它的相变温度可以调节到室温附近，因此观测其相变较为方便。透明铁电陶瓷的电、力学、热性能对电场、应变场及温度都十分敏感，电场、应变场或温度的变化都会引起其相变，从而产生其光性能及晶界区应力状态的变化，这也容易用显微镜观察到。因此，PLZT材料很适宜用来研究功能陶瓷的晶界影响及一些功能过程。

上海硅酸盐研究所第四研究室从20世纪60年代开始的许多研究工作都是在严东生先生及殷之文先生指导下进行的，严先生对晶界工程、空位扩散及液相烧结等方面研究十分重视。他经常召集课题组长到他办公室，了解进展情况及问题，并提出解决方案，使作者所在课题组在透明瓷的研制中，沿着正确的方向前进。利用烧结过程中氧空位扩散有利的特点，使用通氧烧结，并利用掺入氧化铅，形成液相，加速高温扩散，促进组成的均匀性，提高了陶瓷透光率。1978年前后，已制成 ϕ10cm 的全透明PLZT陶瓷，在1979年参加的欧洲铁电会议上展出，受到国际同行称赞。当时恰逢中国刚向国外开放，吸引20多个欧美科学家索取该资料，希望与中国进行科技交流。

在研究中，严东生先生还要求我们想方法，力求观察到功能陶瓷内部所发生的功能过程。为此，我们采用了电子显微镜，提高了放大倍数，但无法施加电场及变动温度；而用偏光显微镜，虽然可以采用加电场及变化温度的载物台进行观察，但陶瓷晶粒小，无法看清楚。于是我们延长烧成保温时间，从几个小时延长到一周，值班热压烧结，最后得出晶粒尺寸达到 $40\sim60\,\mu\mathrm{m}$ 的样品，并制成单晶粒厚的抛光薄片，从而可以清楚地观察到陶瓷内部的相变、电畴转向、空间电荷等动态行为。再利用化学腐蚀及热腐蚀，就可观察到很多晶界迁移、电畴排列取向的动态彩色图像。那时谷祖俊同志负责图像显示，当他看到这些彩色活动图像时，十分高兴，立刻请严先生来观看。严先生看后非常赞赏，后来把我组写的论文推荐到中美第一次陶瓷会议上宣读。

严先生十分重视晶界工程的研究，开始我们并不理解，经过他反复强调，后来我们几个人去查阅了 176 篇文献，阅读消化后写了 3 篇有关晶界作用的综述文章，并逐渐认识到晶界的重要性。陶瓷由晶粒和晶界组成，晶界为无序结构，在烧结时它为扩散通道，成瓷后它影响电物理性能，例如，PTC 半导瓷中，晶界是影响耐电压性的关键因素，我们在与企业共同研发应用产品中，曾付出几万片损失的代价，才获得解决方法：**不能忽视在其配料中，对于形成晶界起关键作用的微量元素的成分，如果缺少它，会使全部产品报废。**

殷之文先生很重视新的制备工艺，如气流粉碎、等静压成型、热压烧结工艺等，这些工艺对后来制造性能均匀的大型及异形器件且完成国防任务起决定性作用。他很重视材料相变和电物理性能间关系的研究，希望我们科研要紧密结合国家需要，要经常到工厂、学校及有关领导部门中请示、学习及交流。在建国初期，高压电瓷非常重要，他曾集中全国五个电瓷厂（大连、抚顺、西安、南京、宜宾）的总工来所交流、培训学习，以提高生产质量。有一次他带领我们跑遍华东、华北、东北等地许多大学及工厂参观学习与交流，前后 40 多天。我回到家时，已风尘仆仆又瘦又黑，我的小儿子已不认识我，不肯叫我爸爸了。

严东生、殷之文两位领导促进及指导我们抓住核心，早日完成国防亟须的材料研究任务，并投入生产推广。压电陶瓷及 PTC 半导瓷，先后进入推广生产及应用。目前，压电陶瓷在海防、舰用声纳、医疗超声、石油勘探等方面发挥很大作用，而 PTC 陶瓷在热风、热水等广泛领域也大展身手，目前我国 PTC 陶瓷产量占全球之首。这两种材料的应用均已经达到上百种以上，每一种应用都可办一个工厂，这对我国的经济发展起到很大的推动作用。当时出版的《功能陶瓷显微结构、性能与制备技术》一书，也获得好评，已推荐到国外，Springer 出版公司 2009 年出版了 *Microstructure, Property and Processing of Functional Ceramics* 一书，以英文本在全球发行，并发行了电子版。据统计 2010~2016 年，本书英文版被下载量达 7786 章。

功能陶瓷材料之所以可发挥功能应用，如压电、电光、声光、磁性、半导等功能，是因为材料内会产生许多功能过程，后面列出的多幅图像说明材料内发生的功能过程，均可以清楚的观察到。

在外电场极化后，铁电陶瓷内有许多小区域（电畴）。电畴内电极化方向一致，各电畴间有畴壁分开。在显微镜下可以看到畴壁，畴内电极化方向垂直于畴壁。当一加上外电场，显微镜下立刻出现大量电畴及畴壁。畴壁垂直于外电场方向（但实际上成 75°～83° 角），也即畴内电极化方向与电场方向一致排齐。如果外加电场方向变化，则电畴也立即响应而变化。这犹如学校操场内的小朋友，在体育教师命令下，齐刷刷向右或向左看齐一样。在《功能陶瓷显微结构、性能与制备技术》一书中，收集了功能过程的一些彩色图片。

1983 年，严先生在中美第一次陶瓷材料会议上就强调："制备工艺、显微结构及性质间的关系，是当前重要的研究中心问题"，而上述一书，也部分体现了严先生的学术思想。

下面是研究陶瓷材料过程中的一些讨论：

晶界属于无序区，具有应力集中区、高应变梯度，也可称为干扰区。该区能量状态不同于晶粒内部，常有两个推动力，促使晶界移动。其一是减少表面能，其二是减少应变能。前者使晶界向曲率中心迁移，后者则使晶界离开曲率中心。在我们的实验结果中，推动晶界迁移的主要为减少应变能，通常应变能是在材料的前置工艺中产生，并贮存在晶界内。在高纯铝内，也曾观察到类似的结果。

热腐蚀：即在高温条件作用下，促使在高能区的材料迁移到低能区。本书中图2-4所显示的点状或线状腐蚀坑，表明不同的晶粒取向。在热腐蚀时，晶界迁移扫过的区域会形成"清洁区"。沉积物（PbO）易在晶界的交会点处沉积。本书中有大量图片是高应变能晶界所引发的现象。烧结过程中晶界区为空位的"聚集处"或"来源地"，当施加电场时，电畴的成核及生长以及新相的发生，常在晶界处萌发。晶界区的体积，有时可占到陶瓷总体积的25%，因此它对陶瓷的性能或发生的物理过程，会产生很大影响。

在PLZT瓷内，热腐蚀过程中的晶界迁移，可能是由于材料在烧成气氛中，得到或失去氧化铅，也即属于化学诱导型的晶界迁移，主要特点为远心迁移。在金属材料中，曾发现晶界为溶质离子提供了高速扩散通道，因此有时称晶界为短路区（Short Circuit Path）。晶界区比晶格点阵内扩散要快，这类扩散会诱导晶界迁移，某些杂质离子在晶界偏析，可以起到稳定新晶界的作用。晶界为溶质离子提供高扩散通道，这类扩散会诱导晶界迁移，它能消除某些点阵位错，使晶界迁移后地区腐蚀坑很少，形成所谓"清洁区"。

陶瓷内经常存在高应变能（High Strain）晶界区，区内能量状态不同于晶粒内，因此它对这类材料的性质有很大影响。诸如扩散相变、剩余极化、电畴成核及生长、空间电荷及内电场等性能，均与此等高应变能晶界有关联。

在陶瓷烧结过程中，常会遇到晶粒"异常生长"，即个别晶粒尺寸很大。这是由于晶界地区富集的杂质所形成的液相，它促进晶粒的溶解和析出，会形成晶粒异常生长。液相在溶解和析出过程中起到物质传输相的作用。

异常生长的粗晶粒是人们所不希望的，但是PTC半导瓷显微结构的发展和形成，却主要由晶粒异常生长所决定。但这两者是在不同温度区产生的，结果完全不同：**前者不需要，而后者是必需的。**

通过上述研究，可得出如下几点小结：

（1）完成严东生先生两项重要要求：清楚地观察到功能陶瓷内部发生的功能过程；利用热腐蚀方法，了解到许多晶界结构与性质，为晶界工程增添新内容。

（2）晶界的无序和开放结构，可能存在液相，使得晶界区的扩散大于晶粒内扩散。晶界在烧结中的物料传输作用，有如道路在交通中的作用。烧成陶瓷时，气孔中的氧易于在扩散中通过氧空位而移去，因此通氧烧结，用于高致密烧结工艺，如用于PLZT透明瓷、透明刚玉瓷、氧化钇瓷等的烧结。

（3）晶界易氧化形成势垒。它和铁电极化的相互作用，形成PTC效应，可制成用途广泛的PTC自控温发热材料。

（4）陶瓷都要经烧成再冷却后制成，这就使晶界处于应力状态，不对称晶系将形成张应力或压应力。这就形成了晶界应力及晶界和晶粒间的性能差异，如介电常数、空位浓度、电导率差别有时达上千倍，这些因素都是材料性能老化的根源。

（5）晶界区的无序及自由空间，使其具有黏弹性质。晶界区可容纳应力及应变。晶界区不但表现为空位"源"和"壑"，也是应力和应变的"收容所"。晶界的高能量性质，使其常常是成核或成畴的发源地，它影响了材料中所发生的与能量有关的过程，如扩散相变、成畴、老化、断裂等。

（6）晶界常常具有俘获中心的作用，也是空间电荷积累的场所。外电场施加时，垂直及平行的晶界常有不同性质，甚至晶界一侧或另一侧，其组成及性质也不尽相同。

（7）烧结过程中，晶界的迁移，是为了减少系统的能量。向界面的曲率中心迁移（**向心迁移**），多数是为了减少界面面积，从而减少界面能；**远心迁移**则常常是为了增大低能区的体积。迁移所扫过的区域，常为低气孔区或无气孔区。迁移速率会受到杂质、气孔等因素的影响，其差别可达 10^4。烧结和晶粒异常生长直接和晶界迁移有关。

（8）陶瓷的烧结过程，多数并未达到平衡态，因此有时晶粒并非严格的单相结构，而有所谓的"壳芯结构"，即近晶界区的晶粒外壳与晶粒内核性质不同。晶界是几个原子厚度，但晶界区可达 $0.x \sim x\mu m$，区内性质不同于晶粒内。因此，壳和芯的相对量是多少，及晶界层所占的体积分数，都影响陶瓷的性能。

（9）铁电陶瓷 PLZT、PZT、PTC 都包含铁电性，有相变及电畴。陶瓷材料中的气孔、杂质及缺陷、内应力等，都会影响铁电畴的耦合。例如压电瓷在外电场极化后，希望铁电耦合完整，才能获得较强压电性。透明铁电瓷 PLZT，要求气孔全部消除，铁电相变能完整转化，达到全开或全闭的效果，可应用于光开关。PTC 半导瓷作为发热体材料，希望相变瞬间发生，即电阻温度系

数 α 值要大，结构上要求有缺陷较集中的晶界，因为这样有利于受主杂质的偏析，形成界面受主态，从而出现 PTC 效应。

总之，对晶界的深入了解，将有利于控制材料的性质，更好地开发其应用。

在本书的图片中，有些图像，如图 2-63，尚难于解释，有待同行们进一步探讨。

回想作者所在课题组在完成大尺寸透明瓷的工作中，曾得到所内外许多同志的协作，例如，压制大晶粒尺寸的样品，需在 1200℃高温及 30MPa 的压力下，连续保温 1 周，模具先后采用了刚玉、碳化硅、氮化硅材料，都是在兄弟室及有关工厂协作下完成的。

当然，我们研究功能陶瓷显微结构的机理，其最终目的还是为了应用，为了开发国民经济建设中需要的性能更好的陶瓷产品。书中第 3、4 章重点介绍了功能陶瓷的主要应用和 PTC 陶瓷的生产工艺及应用进展。本书只是介绍了 PTC 陶瓷目前的研发与应用情况。PTC 陶瓷加热元件还有无以穷尽的研发应用领域等待我们去发现和开发，**在政府提倡、鼓励创新以及社会诚信体系建设的大环境下，也为了未来中国科技企业的产品在全球更具有竞争力，著者真诚希望国内的技术从业者今后能多些借鉴和研发，少些抄袭和仿制，**毕竟国内现有的 PTC 陶瓷加热元件生产技术、工艺、质量稳定性均领先于国际水平。

本书中图片得到了黄瑞福、宋祥云、张毓俊、孙荆同志及电镜组中多位同志的大力协助，在此表示由衷的感谢！

著　者

2017 年 5 月于上海

目　　录

1 绪 论

1.1 功能陶瓷概论

人类使用陶瓷已有数千年历史，随着生产的发展及科技进步，陶瓷也发展出多种新品种。它们大多沿用传统工艺，但原料、组成已扩展到无机非金属范畴，性能也涉及电、光、声、热、磁等多个方面。近年来出现的新技术，如：电子、空间、激光、计算机、红外、新能源等，它们能够推广及应用，许多都离不开新材料，而是在新材料的基础上得到保证。新型陶瓷中按照使用中的作用，分成两大类：结构陶瓷和功能陶瓷。把具有电、光、磁、弹性、生物、超导及部分化学功能的多晶无机固体材料，称为功能陶瓷；而把具有力学、热、部分化学功能的陶瓷，称为结构陶瓷。功能陶瓷有：电容器瓷、压电瓷、磁性瓷、集成封装用瓷、半导瓷、超导瓷、变阻器瓷、生物瓷等。结构瓷包括：氧化铝瓷、氧化锆瓷、碳化硅瓷、氮化硅瓷等。

1.2 功能陶瓷显微结构图像的制备方法

在本书中主要材料对象为：透明铁电陶瓷、压电瓷、PTC 半导瓷。PLZT 透明瓷分子式：$Pb_{0.92}La_{0.08}Zr_{0.65}Ti_{0.35}O_3$，经过通氧热压，热压条件为 1150℃、30MPa、3h，再经 1220℃、30MPa、3~6h。有时为了得到粗晶粒，保温一周，晶粒尺寸为 40~60μm，从而可以在装置有施加电场及变化温度的载物台的偏光显微镜下，清楚地看到功能陶瓷内部发生的动态过程。[●]

其主要工作程序如下：

（1）磨片使用双面抛光，磨制出单晶粒厚度样品，试片上用真空涂覆 Cr–Au 狭缝（0.4mm）电极，施加电场后，就可观测到狭缝区内的相变情况。

（2）有时用有机薄膜，复制瓷片的表面形貌，再用电镜观察。

（3）将试样通过离子减薄，再用电镜观测晶界。

（4）热腐蚀研究：样片置于 PbO 气氛中，分别在 1100℃ 及 1260℃ 先后保温 10min，用金相显微镜或电镜，观察保温前后、相同视域瓷片的表面晶粒大小及

● 我所的敖海宽同志在这方面曾投入大量工作。

晶界移动情况。❶

（5）化学腐蚀：试样浸入溶液 HCl 中再加入几滴 HF，抛光面晶界部分被腐蚀使晶粒晶界形貌显现，用以观察极化后压电陶瓷内部的电畴取向及晶粒生长台阶，台阶中心常常和晶粒的光轴相重叠。

1.3 功能陶瓷内功能过程的观测

功能陶瓷材料之所以可发展功能应用，如：压电、电光、声光、磁性、半导等，是因为材料内会产生功能过程，后面列出的许多图像，说明材料内发生的功能过程已可观察到。当施加外加电场 E 后，就会产生电畴，它按外加电场 E 方向排齐。在外电场极化后，铁电陶瓷内许多小区域，即电畴。电畴内电极化方向一致，各电畴间由畴壁分开。在显微镜下可以看到畴壁，即图中许多并行线条。畴内电极化方向垂直于畴壁。当外电场一加上，显微镜下立刻出现大量电畴及畴壁。畴壁垂直于外电场方向（但实际上成 75°～83° 角），也即畴内电极化方向与外电场方向一致排齐。如果外加电场方向变化，则电畴也立即响应而变化。这犹如学校操场内的小朋友，在体育教师命令下向右或向左看齐一样。

1.4 功能陶瓷显微结构的观察与分析

我所所长严东生先生最早要求我们想办法能观察功能陶瓷内部所发生的功能过程细节。利用电子显微镜虽然放大倍数够了，但无法施加电场及变动温度。用偏光显微镜，可以采用加电场及变化温度的载物台进行观察，但是陶瓷晶粒很小，约 2～5 μm，无法看清楚。于是，我们延长烧成保温时间，从几个小时延长到一周，三班值班热压烧结，最后得出晶粒尺寸达到 40～60 μm，并制成单晶粒厚、约 20～30 μm 的抛光薄片，从而可以清楚地观察到陶瓷内部的相变、电畴转向、空间电荷等动态行为。再利用化学腐蚀及热腐蚀，就可以观察到很多晶界迁移、电畴排列取向的彩色图像。当时谷祖俊同志负责图像显示，他立刻请严先生来观看这些图像，严先生非常赞赏，后来把我组写的论文推荐到中美第一次陶瓷会议上宣读。

1.4.1 关于压电瓷的图像分析

压电瓷在外加电场极化前，自发极化方向混乱。当施加电场进行极化，电场强度应大于材料本身的矫顽场，使电畴沿外场方向取向，这时压电瓷才呈压电性。通常其显微结构中晶粒不宜过细，以免影响电畴发展，气孔量大，会影响耐电压性。

---

❶ 为了寻找烧成前后相同的视域，郑鑫森同志花费了巨大精力。

由于在外场极化时温度高、电压也高，瓷坯中如有异常生长的大晶粒，会在极化时开裂。人们常在配方中引入施主型或受主型杂质，形成不同缺陷，使畴壁运动变得容易或难，前者使材料性能呈接收型，适用于接收声讯号。当引入受主型杂质时，就属于发射型材料，适用于发射声波应用。接收型及发射型压电瓷，大量应用于声纳：在水下起一个"千里眼"、"顺风耳"的作用。在早期压电陶瓷的研究中，我们曾极化过成千上万片试片，测试其压电性，但并未观察其片内电畴排列状态，直到后来，进行化学腐蚀，才观察到片内电畴排列取向状态，如图 2-17 所示。

1.4.2　关于 PTC 热敏电阻瓷的讨论

关于 PTC 材料的原理及应用在参考文献［5］中已有介绍，它的应用是主要利用相变前后，电阻突然增加几十或几千倍，因此它既是半导又能耐电压。PTC 效应利用相变，晶粒为半导，而晶界为绝缘。用红外热像仪观察，可见晶界为一热点，它和晶粒间温差可达 50~60℃。在相变时，它从四方变为立方，内应力小。但由于相变使晶粒尺寸突变，给陶瓷整体带来大的内应力。如果陶瓷显微结构不均匀，有异常大的晶粒，将会诱发开裂。

PTC 材料烧成时通常有晶界液相，它是晶粒溶入再析出的中介物，它促进添加剂均匀分布，移除晶粒中杂质，使析出晶粒完整。不完整的显微结构会形成局部电导，降低温度系数 α 及耐电压性。

烧成时从高温冷却，冷却收缩构成弹性应变能，R.W.Davidge 曾指出：它与晶粒直径的三次方成正比，因此晶粒越大，内应力越大，形成开裂的可能性越大，在施加电压时，由于晶粒和晶界的介电率的差异，晶界承受的电场比晶粒大上百倍。

PTC 陶瓷在使用中，晶界承受高电压，希望添加剂，例如：AST 的分布应均匀。纯钛酸钡的烧成温度在 1350℃以上，而加入少量 TiO_2，形成液相的温度降为 1317℃，再引入 SiO_2 降到 1250℃，再加入 Al_2O_3 使降为 1240℃。所以，引入 AST（即为硅、铝、钛的简称），就是为了降低烧结温度。

钛酸钡常先融入液相，然后析出晶粒，使有害杂质，如：Na、Mg、Al 溶入液相，使半导化的晶粒和杂质分开。加入 AST 可使阻值下降，例如 $10\Omega \cdot cm$，因为 AST 可移去有害半导化的杂质，它还可使半导化的烧成范围变得宽些。

含有异常生长晶粒的 PTC 试片，其耐电压：约 50V/mm；不含有异常生长的晶粒的材料，其耐电压：>200V/mm。

因为含有异长生长晶粒的材料，在加热或冷却过程中，粗晶粒沿晶轴方向的尺寸变化比周围晶粒更大。在烧制时，从高温下降，形成晶粒相互间不同的冷却收缩，构成弹性应变能，晶粒越大形成内应力越大。

PTC 试片在应用中，要经受反复的电场冲击，促使裂纹逐渐扩展，最后使片子破裂。这类废品在电检中占很大比例。它表现为电检前，片子强度正常。测耐压后，片子内已存在巨量应变能，在放置过程中逐渐释放，形成内裂。隔一定时日，片子取出后，在台上一掀就裂。或在搬运中，因为颠簸或振动，这类看似完好的片子一掀就裂。某厂曾发现：电检完好的片子存放一周后，有十多箩筐的几万片，完全一掀就开裂，损失很大。我们当时认为：片内有异常生长的粗晶粒，是碎裂的主要原因。于是进行下列试验：在半导 PTC 材料中，希望晶粒为半导，而晶界应为绝缘。因此，在配方中要引入微量不和钛酸钡相固溶的加入物：AST，即 Al_2O_3、SiO_2、TiO_2，把它们先细磨混合、再预烧并粉细后加入。它们能形成绝缘的晶界相，并能在烧结时防止晶粒异常生长，使晶粒大小分布均匀。于是我们就把厂中原来大量开裂的料方，进行组成微调整，烧制后，观察其开裂情况，几个配方成分及开裂情况如下：

1 号为原来开裂的料　　　　　　　　电检破裂百分比：92 %
2 号上述料 100 加入 0.5% PbO　　　电检破裂百分比：91 %
3 号上述料 100 加入 0.4% TiO_2　　　电检破裂百分比：0 %

结果表明：3 号料可以避免开裂，说明可能原来配方配料时，TiO_2 的量有误差。

1.4.3　关于晶粒异常生长现象

在本书中有几处（如图 2-67 和图 2-70 所示）出现晶粒异常生长。对于功能陶瓷（PTC 及压电瓷）都希望它们在极化或电检中，有良好的耐电压性。因此，要求陶瓷显微结构内晶粒大小均匀，不希望出现个别粗晶粒即异常生长的晶粒。因为测耐压时，这些个别粗晶粒，总膨胀尺寸较大，它和周围普通尺寸晶粒间，会产生很大差异，因此形成大的内应力，大到可以在极化时击穿，也可在放置中逐渐微裂。烧成工艺不当时，会形成异常生长，如升温过慢，停留在晶粒生长区的时间过长，会形成异常生长。升温过快，各个液相成分还来不及扩散均匀化，于是各组分分布不均，在液相较多区，晶粒生长形成巨晶。只有在适当的升温速度下，结构均匀无异常生长，使材料性能及耐压性均佳。均匀或不均匀显微结构，耐压性相差可达 1 倍以上，甚至全部开裂。

异常生长的粗晶粒是人们所不希望的，但是应该指出：PTC 半导瓷显微结构的发展和形成，却主要由晶粒异常生长所决定。在烧成中，晶界液相的低共熔点温度以下 100℃ 处，就会产生晶粒异常生长；产生异常生长的另一必要条件是：瓷坯致密度需要达到理论致密度的 85%~90%，这是因为晶粒异常生长的晶界移动，需在致密瓷坯中才会完成，在致密瓷坯中的晶界迁移速度，比多孔瓷坯中移动速率大几个数量级。

1.4.4　制造工艺对 PTC 陶瓷电阻温度系数 α 的影响

人们要求它应半导，但又要求它有高的耐电强度，似乎是矛盾的。实际上，当加上电压，由于相变迅速产生，它的电阻瞬间猛升几十或几千倍，因此它就可耐电压。要求电阻温度曲线上升处陡度增大，也即是希望相变在瞬间发生。但是相变速率，单晶和多晶体是不相同的，单晶体没有晶界，温度一升到，相变马上发生。而陶瓷是多晶聚集体，含有大小不同的多个晶粒及晶界，加上晶粒光轴取向各异，相互间会产生大小不同的内应力，这使得各个晶粒相变的温度有差异，因此它就不会像单晶体那样温度一到马上相变，故造成 α 值低于单晶体。制备工艺将影响 α 值的大小，调整制备工艺可提高 α 值的百分数如下：

最高烧成温度保温时间延长	约 25%
烧成中冷却通氧	1%~1.5%
提高原料纯度	2%~7%
改进粉碎工艺	1%~5%
调节施、受主的比例	5%~8%

下面举一例说明：两个配方 C6 及 C9，组成相同：

$Ba_{0.912}Sr_{0.058}Ca_{0.03}TiO_3+0.2$ wt% $SiO_2+0.02$ wt% $\gamma Al_2O_3 + 0.31$ wt% Y_2O_3

烧成条件相同，但性能相差较大，见下表。

配方编号	电阻 / $k\Omega$	温度系数 α	居里温度 T_c/℃
C6	0.045	22.7	100
C9	0.128	34.8	100

C6 用邢台 $BaTiO_3$ 配料；C9 用较纯原料 TiO_2 及 $BaCO_3$ 合成后形成的 $BaTiO_3$ 配料。上述结果表明：温度系数 α 提高 58%。

1.4.5　影响铁电耦合的因素及压电瓷最新进展

铁电材料诸如 PLZT、PZT、PTC 等材料，都存在铁电性、相变及电畴，涉及电畴间的耦合。材料中存在的杂质、气孔、缺陷及内应力等，都会影响铁电耦合，如：压电瓷在极化后，希望电畴全部定向排列，才能获得强压电性。透明铁电瓷 PLZT 希望气孔全部排除，减少内应力，使铁电相变能完整运行，达到光开关应用，即全开、全关的效果。而 PTC 陶瓷作为发热体材料，希望相变能瞬间发生，即温度系数 α 值应较大。

Roseman 证明：在掺钇钛酸钡 PTC 陶瓷中，经 600℃高温极化后，有 70% 的晶粒，其电畴方向与极化电场方向相一致（见 Roseman R D，J.Ferroelectrics,1996，177:273~282）。这也说明：因应力及缺陷等因素，很难达到电畴取向与外电场全部相一致。

压电陶瓷研究与应用的最新进展是：人们正在研发压电陶瓷表面组装（SMT）技术，要求多层、片式化、集成化，多功能化、智能化、小型化；研发压电－压磁多功能材料，以适应雷达技术、微位移控制、航天技术、计算机技术的要求。

我所曾研制过用于抗雷达的微波衰减材料及介质天线的材料。

2　功能陶瓷显微结构图像

2.1　晶粒结构及电场条件下电畴的生成与排列

陶瓷内部的显微结构如图 2-1 所示。

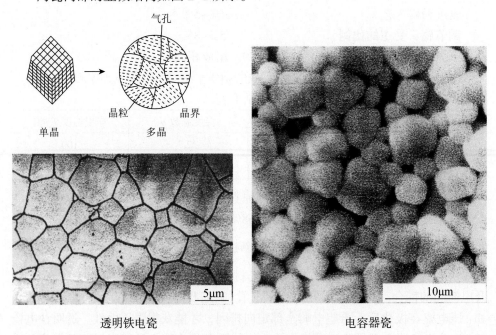

透明铁电瓷　　　　　　　　　　　　　电容器瓷

图 2-1　陶瓷内部的显微结构

陶瓷内部由多个晶粒组成，晶粒相互间被晶界隔开。从图 2-1 可以看出，晶界为线状，实际上它为狭小的结构无序区，对于高透明瓷，晶界极窄，不存在第二相。

陶瓷显微结构相似的生物体细胞排列如图 2-2 所示。

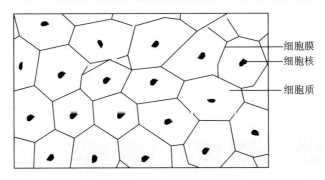

图 2-2　生物体内细胞的排列结构

PLZT 陶瓷样品电极图案的示意图如图 2-3 所示。

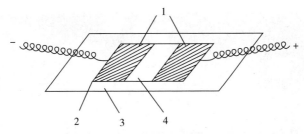

图 2-3　PLZT 样品电极图案示意图

1—Cr–Au 电极；2—环氧黏胶剂；3—载玻片；4—PLZT 陶瓷

腐蚀坑形貌对应的晶粒取向图如图 2-4 所示。

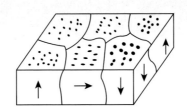

图 2-4　腐蚀坑形貌对应的晶粒取向图

不同腐蚀坑形貌对应不同的晶粒取向，图 2-4 中箭头表示晶粒的光轴方向。

PLZT 陶瓷样品十字形电极图案如图 2-5 所示。

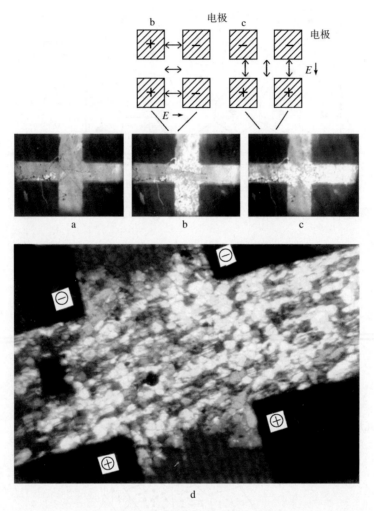

图 2-5　PLZT 陶瓷样品十字形电极 ❶ 图案

（在偏光显微镜下观察：a—未加电场 E，狭缝区不亮；b—加水平方向电场，垂直方向狭
缝区亮；c—加垂直方向电场，水平方向狭缝区亮；d—加垂直方向电场，
水平方向狭缝区亮（正交偏光、加石膏板））

---

❶ 利用十字形电极，可以迅速变动施加电场的方向，以观察瓷片内电畴出现、生长及消失的动态过程。

　　利用十字形电极，可以瞬间施加电场、变化电场方向及断开电源，从而有利于观察相变过程。因为 PLZT 材料有两个相，分别为 α 相和 β 相，它们的性质见下表。

相的名称	α	β
晶型结构	假立方	四方及菱形
是否为铁电体	非铁电体，无电畴	铁电体，有电畴
光学性质	光学各向同性，双折射 $\Delta=0$，正交偏光下，呈关闭态（暗场）	光学各向异性，双折射 $\Delta>0$，正交偏光下，呈开启态（明场）

　　PLZT 陶瓷有一个相变温度 T_i，当环境温度 $>T_i$ 时，施加或移去电场，相变是可逆的。即：

$$\alpha\ 相 \xleftarrow[\text{移去电场}]{\text{加电场}\ E} \longrightarrow \beta\ 相$$

　　当环境温度 < 相变温度 T_i 时，施加或移去电场，相变是不可逆的。即：

$$\alpha\ 相 \xrightarrow[\text{移去电场}]{\text{加电场}\ E} \beta\ 相$$

PLZT 陶瓷内的电畴排列及对应的电畴取向如图 2-6 所示。

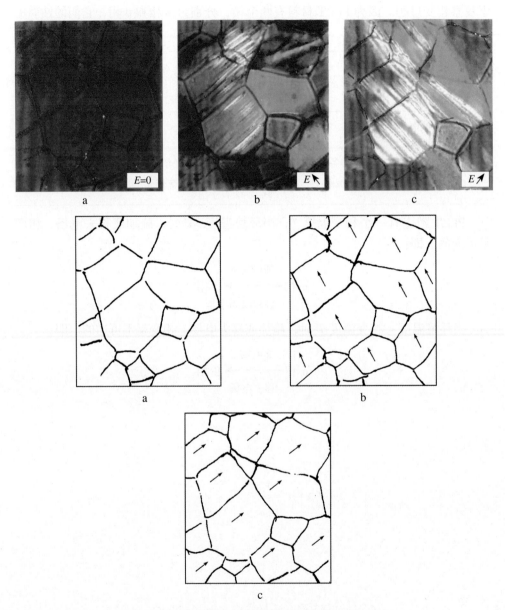

图 2-6　PLZT 陶瓷内的电畴排列及对应的电畴取向

a—未加电场；b—电场方向↖；c—电场方向↗

　　上图所示为 PLZT 陶瓷在未加电场、电场方向↖和电场方向↗的电畴排列及对应的电畴取向。由图可知，PLZT 陶瓷电畴内电荷排列的方向与外电场方向是一致的。

　　PLZT 陶瓷透过狭缝的光强（I）和温度关系及相应的显微结构如图 2-7 所示。

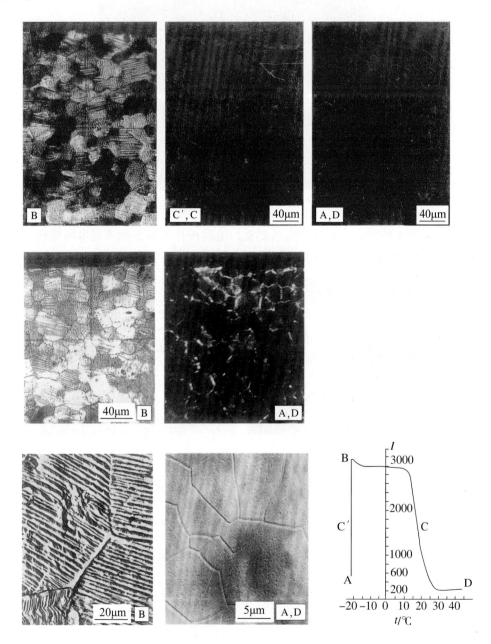

图 2-7　透过窄缝的光强（I）和温度关系及相应的显微结构

A，D—热去极化态；B—极化态；C′，C—部分极化或去极化态

（图上方为正交偏光显微镜照片；下方为经化学腐蚀，相衬的显微图像）

电畴取向示意图如图 2-8 所示。

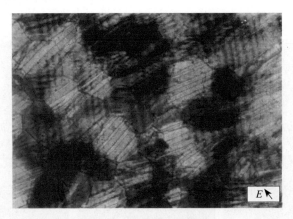

图 2-8　电畴取向示意图

如图 2-8 所示，当施加外电场 E 后，电畴按外电场 E 的方向取向排列。畴壁随电场方向转动的图像如图 2-9 所示。

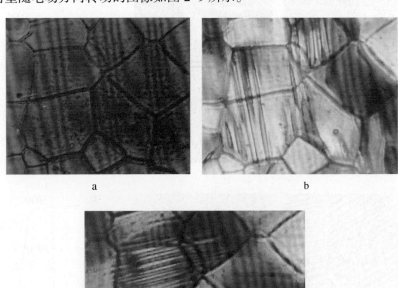

图 2-9　畴壁随电场方向转动

a—未加电场；b—施加水平方向电场 E；c—施加垂直方向电场 E

PLZT 陶瓷中电畴贯穿相邻晶粒的图像如图 2-10 所示。

图 2-10 PLZT 陶瓷电畴贯穿相邻晶粒

PLZT 陶瓷中电畴跨越多个晶粒，电场方向为水平 45° 夹角，如图 2-11 所示。

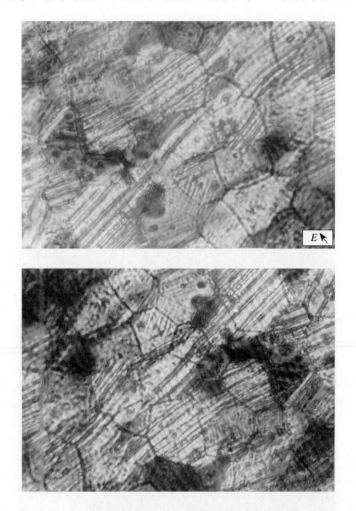

图 2-11　PLZT 陶瓷电畴穿越多个晶粒，电场方向为水平 45° 夹角

PLZT 陶瓷在光学显微镜下，用正交偏光加石膏板观察到的电畴穿越晶界的照片，如图 2-12 所示。

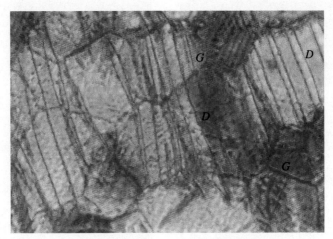

图 2-12　电畴跨越晶界的照片

D—90° 电畴；G—晶界

PLZT 陶瓷电极狭缝区显微结构与外电场的关系，透过光强与温度的关系，如图 2-13 所示。

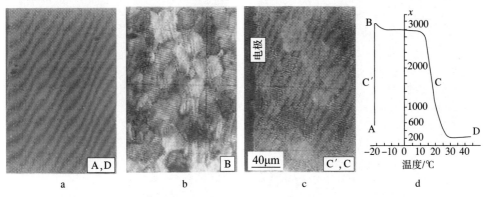

图 2-13　狭缝区施加电场 E 前后的显微结构及透过光强与温度的关系

a—电场 =0，顺电相，光学各向同性，关闭状态，相对光强：500~600；

b—电场 =E，铁电相，光学各向异性，开启状态，相对光强：约 3000；

c—电场 =1/2E，半开状态，相对光强：1500

PLZT 陶瓷光开关状态随电场强度及电场方向的变化，如图 2-14 所示。

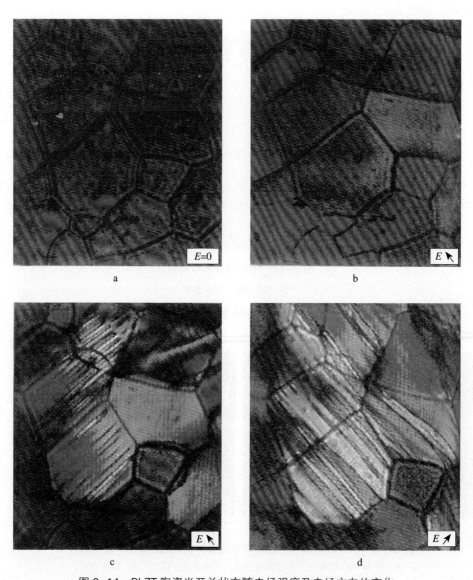

图 2-14　PLZT 陶瓷光开关状态随电场强度及电场方向的变化

编号:	a	b	c	d
外加电场 E:	0	0.05E	E	E
电场方向:		↖	↖	↗
开关状态:	关	半开	全开	全开
电畴取向:	无畴		↗	↖

　　PLZT 陶瓷的电镜图像，如图 2-15 所示。由图可知，从电畴的状态可区别晶界的宽窄。

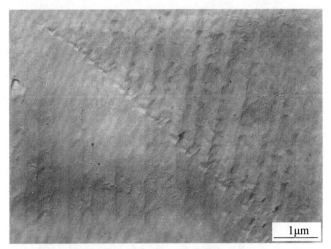

a

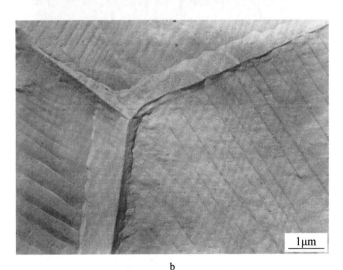

b

图 2-15　PLZT 陶瓷的电镜图像

a—电畴能穿过狭缝晶界；b—电畴难于穿过宽晶界（TEM）

PLZT 陶瓷的显微结构图像如图 2–16 所示。

图 2–16　PLZT 8/67/33

图中晶界两侧对应不同晶粒方向，故畴宽相异。

压电陶瓷外加电场人工极化示意图如图 2–17 所示。

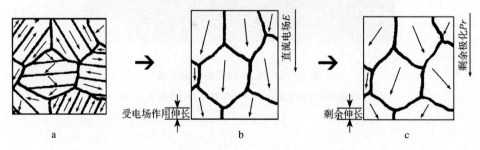

图 2–17　压电陶瓷外加电场人工极化示意图（外加电场方向：↓）

a—原来电畴方向混乱；b—在外电场作用下电畴取向排列；c—移去电场后电畴排列

压电陶瓷电畴排列较混乱的示意图如图 2-18 所示。

图 2-18 压电陶瓷电畴排列较混乱（PZT）

经外电场 E 极化后，畴壁取向大致与电场方向一致的示意图如图 2-19 所示。

图 2-19 经外电场 E 极化后，畴壁取向大致与电场方向一致（外电场 E 方向：↓，PZT）

2.2 铁电陶瓷的电畴形态

La 和 Nb 掺杂的 $PbSrZrTiO_3$ 压电陶瓷中典型的 90° 和 180° 畴壁如图 2-20 所示。

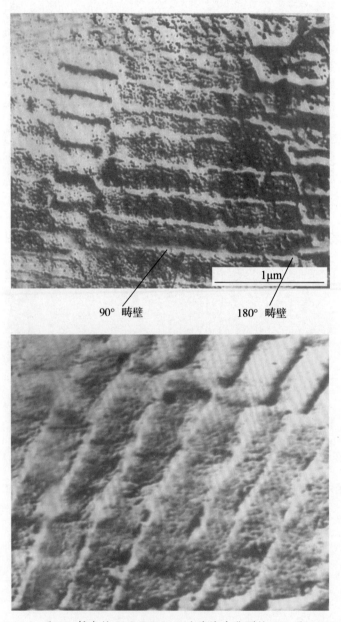

图 2-20 La 和 Nb 掺杂的 $PbSrZrTiO_3$ 压电陶瓷中典型的 90° 和 180° 畴壁
（经过化学腐蚀）

PZT 压电瓷中观察到的鱼骨状电畴如图 2-21 所示。

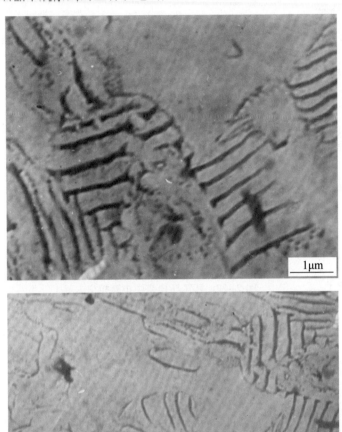

图 2-21 PZT 压电瓷中鱼骨状畴

PZT 压电瓷中的电畴相交如图 2-22 所示。

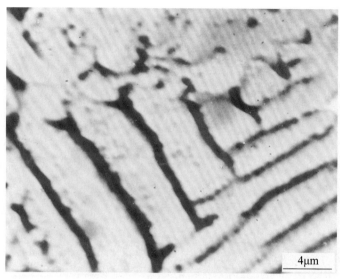

4μm

图 2-22　PZT 压电瓷中电畴相交

PZT 压电陶瓷经化学腐蚀后电镜观察到的电畴相交现象，如图 2-23 所示。

1μm

图 2-23　PZT 55/45（Zr/Ti，电畴相交角）

压电瓷中的电畴，瓷体中缺陷和气孔少，有利于电畴发展及铁电耦合的现象，如图 2-24 所示。

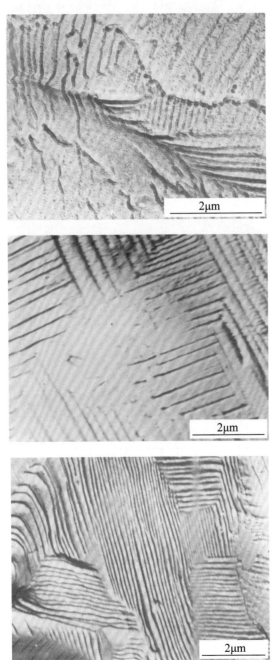

图 2-24 压电瓷中的电畴，瓷体中缺陷及气孔少，有利于电畴发展及铁电耦合

极化后的压电陶瓷（Zr/Ti=55/45）及压电瓷人工极化过程示意图如图2-25所示。

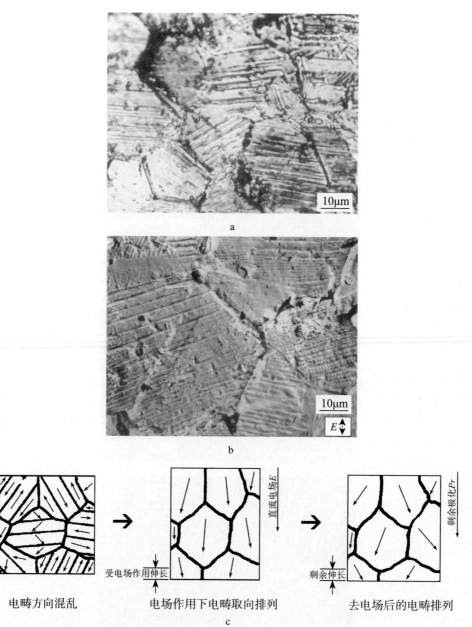

图 2-25　极化后的压电陶瓷（Zr/Ti=55/45）及压电瓷人工极化过程示意图

从图2-25可以看出，图a、b中压电瓷（Zr/Ti=55/45）经极化后呈压电性。经过化学腐蚀，就可以观察到表面高低，显示内部的电畴排列，畴壁大多垂直于电场方向，即通过极化，使内部电极化与外电场方向一致。

2.3 晶界势垒的显微图像

半导化钛酸钡陶瓷发射电子照片如图 2-26 所示。

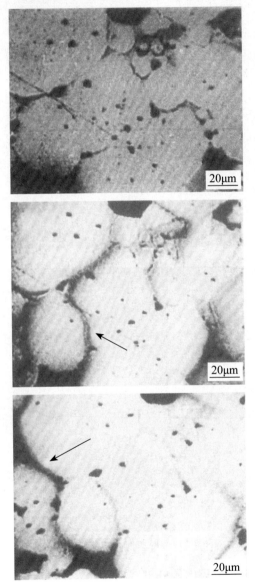

图 2-26 半导化钛酸钡陶瓷发射电子照片（摘自 Rehme, 1966）

图 2-26 中，上图为电场 $E=0$，未出现晶界阻挡层；中图为电场方向自左向右，显示晶界阻挡层出现在晶界左边；下图为电场方向自右向左，显示晶界阻挡层出现在晶界右边。

掺杂物往往会在晶界偏析的图像如图 2-27 所示。

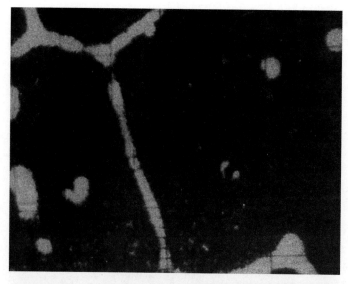

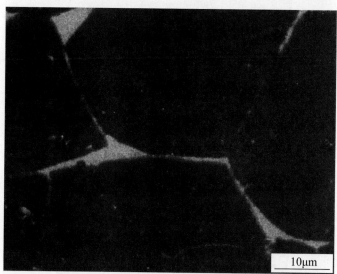

图 2-27　掺杂物在晶界处偏析

　　图 2-27 中，上图为掺 2wt%ZrO$_2$ 的氧化镁瓷，图中的白色亮区为 ZrO$_2$ 相；下图为钛酸锶陶瓷，氧化铋在晶界析出，白色区为含 Bi 的第二相。

ZnO 陶瓷的晶界势垒如图 2-28 所示。

图 2-28 ZnO 陶瓷的晶界势垒

PTC 半导体瓷的晶界势垒图如图 2-29 所示。

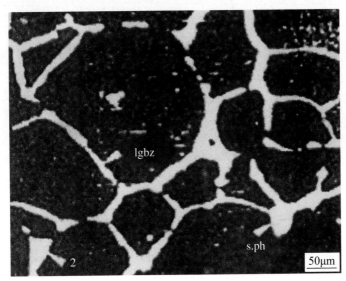

图 2-29 PTC 半导体瓷的晶界势垒图

（摘自：Kaschek G, JACS, 1985, 68（11）：582~586）

图中白色区相应于晶界势垒，lgbz 为晶界区，s.ph 为第二相，2 为大气孔。材料组成为 $BaTi_{1.08}O_3+0.2\%Y_2O_3$，经 1350℃、1h 烧成，利用 CL 法得出晶界势垒图像，标尺相当于 50 μm。

　　从晶界区萌发的电畴图像如图 2-30 所示。

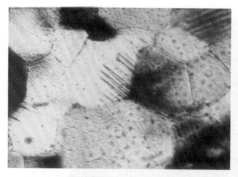 

电场 E：670v/mm　　　　　　　　　　电场 E：1000v/mm

a

b

图 2-30　从晶界区萌发的电畴

a—电畴从晶界萌发，正交偏光；b—类似 a，但正交偏光外加石膏板

　　从图 2-30 可见，劈形畴的前端跨越晶界。

2.4 晶界性质

PLZT 陶瓷在金相显微镜下观察到的残余电畴如图 2–31 所示。

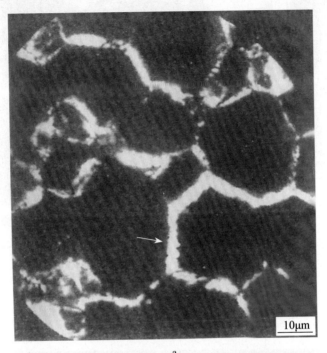

a

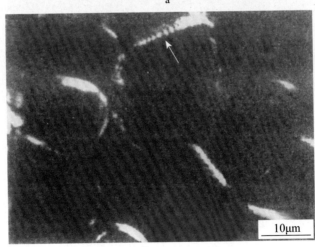

b

图 2–31 PLZT 陶瓷在金相显微镜下观察到的残余电畴

a—当移除电场后晶界出现亮区，为残余电畴；b—当移除电场后晶界出现亮点或亮线

（材料：PLZT 瓷，光学显微镜，正交偏光）

当移去外加电场后，晶界区仍有残余电畴，如图 2-32 所示。

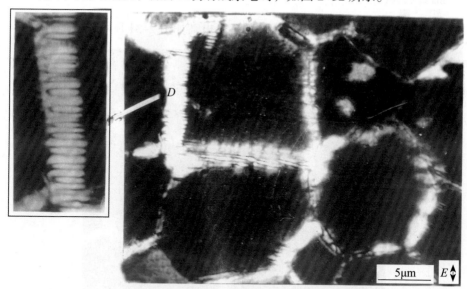

图 2-32　外加电场移除后，晶界区仍有残余电畴

（原来施加的电场方向：$\updownarrow$正交偏光，D 为局部放大）

PLZT 瓷的壳芯结构如图 2-33 所示。

图 2-33　PLZT 瓷的壳芯结构

PLZT 瓷的壳芯结构，由图 2-33 可知，晶粒芯部有畴，晶粒外壳区无畴。

晶界区具有不同光性的照片如图 2-34 所示。

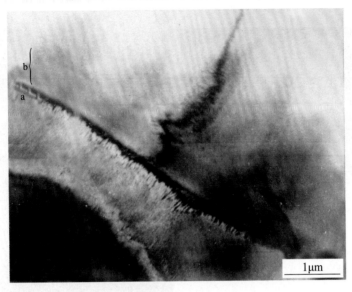

图 2-34　晶界区具有不同光性（band contour 的不连续，TEM）

a—晶界；b—晶界区

晶界区应力诱导 β 相照片如图 2-35 所示。

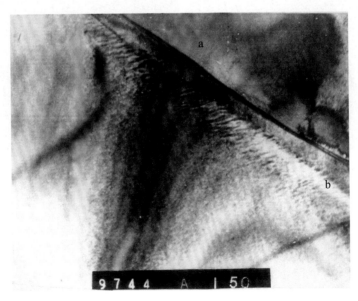

图 2-35　晶界区应力诱导 β 相

a—晶界；b— β 相

PLZT陶瓷热腐蚀后，晶界区呈现"光洁区"和"扭曲区"的现象，如图2-36所示。

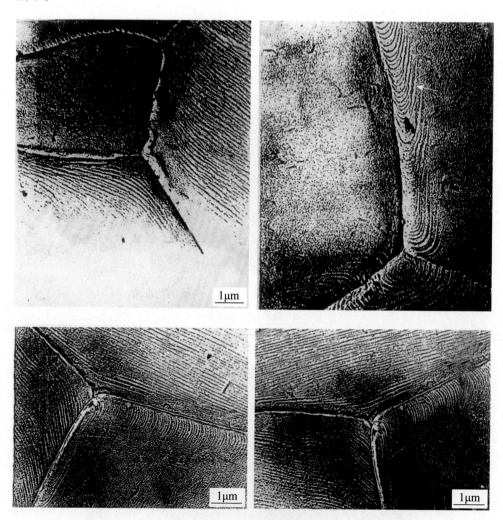

图2-36　PLZT陶瓷热腐蚀后，晶界区呈现"光洁区"和"扭曲区"

　　PLZT 瓷热腐蚀后，晶界区呈现"平滑区"和"扭曲区"的现象，如图 2-37 所示。

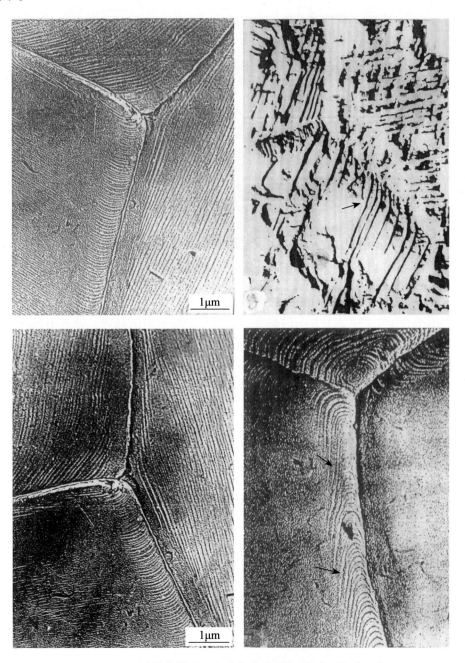

图 2-37　PLZT 瓷热腐蚀后，晶界出现"平滑区"和"扭曲区"

（视晶粒间相互取向及夹角而显不同形貌）

加石膏板偏光显微照片显示的垂直电场移除后晶界区和余电畴形貌，如图 2–38 所示。

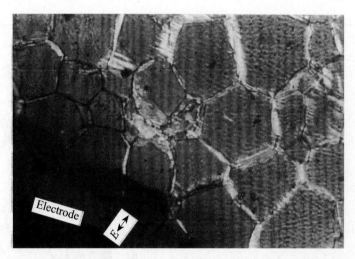

图 2–38　加石膏板偏光显微照片显示的垂直电场移除后晶界区剩余电畴形貌

由图 2–38 可知，不同颜色对应于不同的应力状态（张应力或压应力），可以看出垂直于电场（E）方向的晶界和平行于电场方向的晶界，处于不同的应力状态。因为相变时有尺寸变化（例：假立方 4.0495A ∥ E，4.0794A ⊥ E；三方晶型 4.084A），引起膨胀或收缩。

PZT压电陶瓷热腐蚀后晶粒内和晶界区呈现不同形貌的现象如图 2–39 所示。

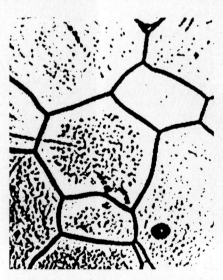

图 2–39　PZT 压电陶瓷热腐蚀后，晶界区不同于晶粒内的现象

PLZT 陶瓷偏光显微镜照片显示陶瓷中内应力的大小对电畴形态的影响，如图 2-40 所示。

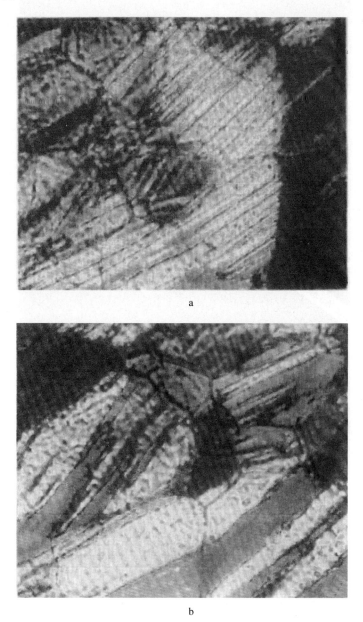

a

b

图 2-40 陶瓷中内应力的大小对电畴形态的影响

图 2-40a 中，样品内应力较大，电畴较窄，畴壁数量多；图 2-40b 中，样品内应力小，电畴较宽，畴壁数量少。

移去外加电场后，晶界区呈现残余电畴的现象如图 2-41 所示。

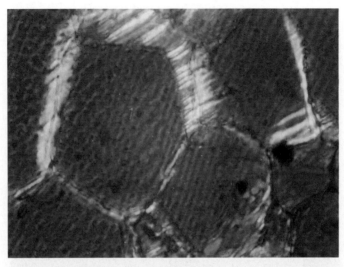

图 2-41　移去外加电场后，晶界区呈现残余电畴

移去外加电场后，晶界区呈现残余电畴，不同颜色对应不同的应力状态：张应力或压应力。垂直于电场及平行于电场的晶界区，处于不同的应力状态，因为相变时有尺寸变化，引起膨胀或收缩。例如：假立方晶型，晶胞参数为 $4.0495A$（∥ E）、$4.0794A$（⊥ E），而三方晶系为 $4.084A$。

Ba/Ti=1.03 的钛酸钡陶瓷中的明场电镜像，如图 2-42 所示。

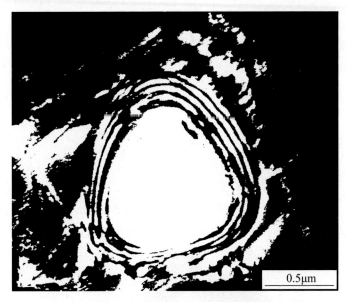

图 2-42 Ba/Ti=1.03 的钛酸钡陶瓷中的明场电镜像

在 Ba/Ti=1.03 的钛酸钡陶瓷中，第二相颗粒从界面扩散出来的应变场衬度，说明环绕界面形成的内应力。

金属材料中晶界区析出新相的现象如图 2-43 所示。

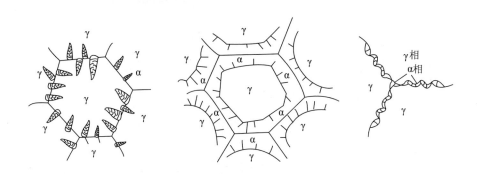

图 2-43 金属材料中晶界区析出新相的现象

在金属材料中，晶界区析出新相是常见的。例如，图中在 γ 相的材料中，晶界区出现 α 相。

沉积物集中于三角晶界交点处，如图 2-44 所示。

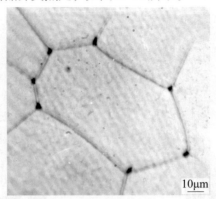

图 2-44　沉积物集中于三角晶界交点处

PLZT 陶瓷经过离子减薄后的透射电镜图，如图 2-45 所示。

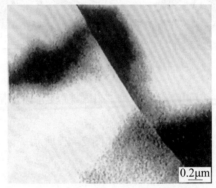

图 2-45　PLZT 试样经过离子减薄后的透射电镜图

由图可知，两晶粒间的晶界呈线状，表明第二相的量极微。

透明瓷的清洁晶界像如图 2-46 所示。

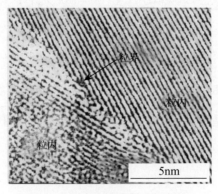

图 2-46　透明瓷的清洁晶界像

（摘自：田中伸彦. アテリアルイソテクシレヨソ，2006，19（6）：7~11）

近晶界处有不同电性质的照片如图 2-47 所示。

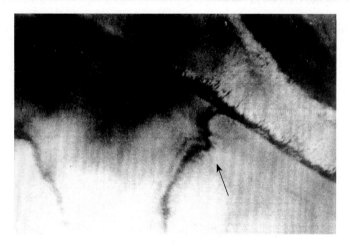

图 2-47 近晶界处有不同电性质（TEM）

PLZT 陶瓷（8/67/33），覆膜的电镜图像如图 2-48 所示。

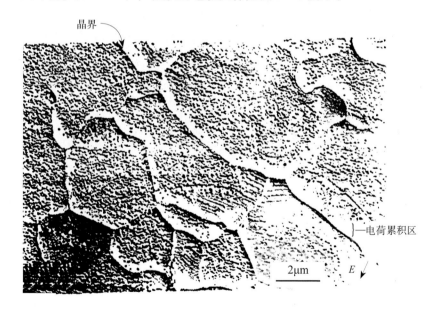

图 2-48 PLZT 陶瓷（8/67/33），覆膜的电镜图像

当环境温度高于相变温度时，可以看到空间电荷在外电场驱使下向某一方向迁移，遇到晶界无法穿越而停留在晶界一侧，如果电场方向逆转为 $E\nearrow$，则空间电荷区将移至晶界另一侧。

2.5 热腐蚀过程中的晶界迁移

PLZT 陶瓷热腐蚀过程的 TEM 图像。

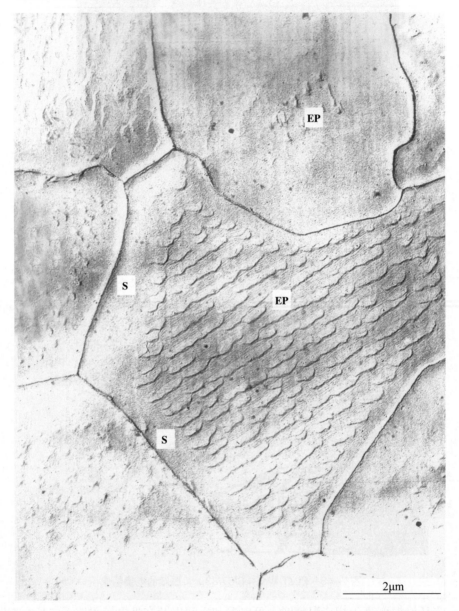

图 2-49 PLZT 陶瓷不同取向晶粒的腐蚀坑（EP）热腐蚀过程中晶界迁移扫过的清洁区（S）

透明铁电瓷 PLZT 经过热腐蚀后的电镜图像，如图 2-50 所示。

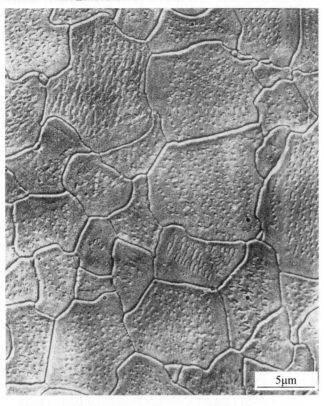

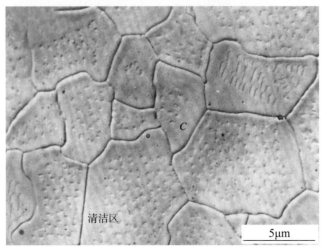

图 2-50　透明铁电瓷 PLZT 经过热腐蚀后的电镜图像

由图可知，不同取向晶粒有腐蚀坑，晶界附近有"平滑区"或"清洁区"。

PLZT 陶瓷热腐蚀后形成的沉积物阻碍晶界迁移，形成钉扎现象，如图 2-51 所示。

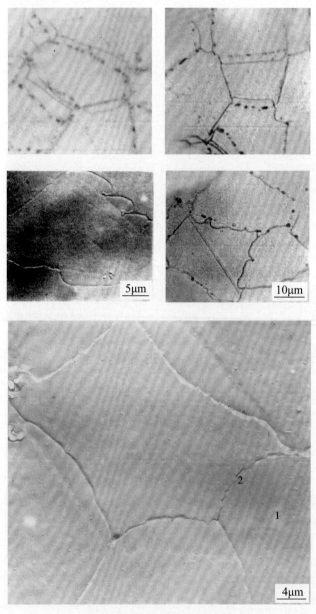

图 2-51　PLZT 陶瓷热腐蚀后形成的沉积物阻碍晶界迁移，形成钉扎现象

1—原来位置；2—移动后位置

图 2-51 中上图为金相显微镜图像，中及下图为电镜图像；通常用覆膜复制形态，而后再用电镜观察。

热腐蚀时，沉积物停留在原位，晶界迁移到新位置的图像，如图 2-52 所示。

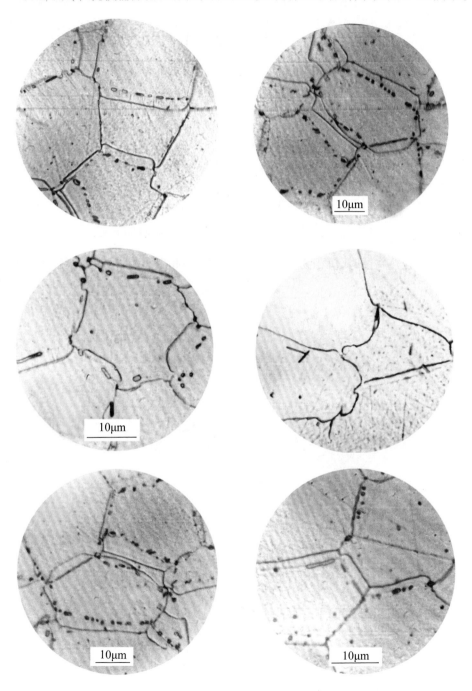

图 2-52 热腐蚀时，沉积物停留在原位，晶界迁移到新位置

热腐蚀后，晶界在迁移，沉积物停留在原处的照片，如图2-53所示。

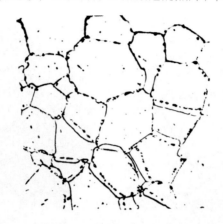

图2-53　热腐蚀后，晶界在迁移，沉积物停留在原处

PLZT瓷热腐蚀时，沉积物停留在原来位置，而晶界已位移到新位置，如图2-54所示。

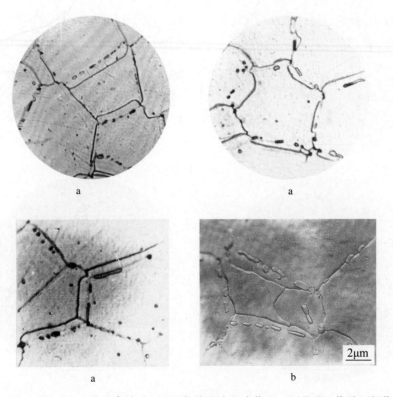

图2-54　PLZT瓷热腐蚀时，沉积物停留在原来位置，而晶界已位移到新位置

a—金相显微镜图像；b—TEM

PLZT 瓷热腐蚀时形成的沉积物阻碍晶界迁移，形成钉扎现象，如图 2-55 所示。

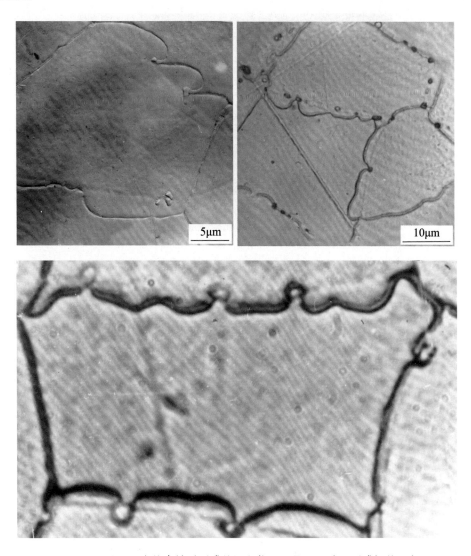

图 2-55　PLZT 瓷热腐蚀时形成的沉积物阻碍晶界迁移，形成钉扎现象

（上图：电镜照片；下图：金相照片）

由于晶界迁移而形成"清洁区"和沉积物集中在三角晶界处的图像如图 2-56 所示。

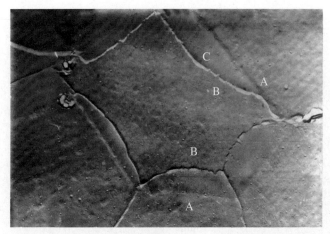

电镜图像

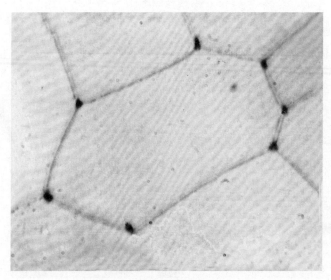

金相显微图像

图 2-56 由于晶界迁移而形成"清洁区"和沉积物集中在三角晶界处

A—迁移前晶界; B—迁移后晶界; C—"清洁区"

PLZT 瓷热腐蚀时沉积物停留在原来晶界位置而晶界已移到新位置的图像如图 2-57 所示。

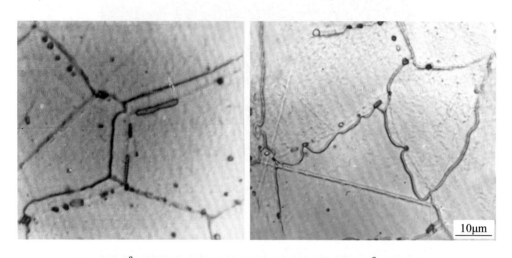

a   a

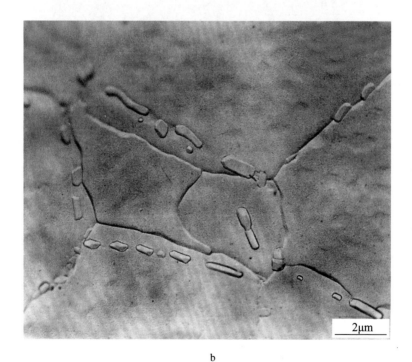

b

图 2-57 PLZT 瓷热腐蚀时沉积物停留在原来晶界位置而晶界已移到新位置

a—金相显微镜图像；b—TEM

原位二次热腐蚀晶粒及晶界形貌的对比，如图 2-58 所示。

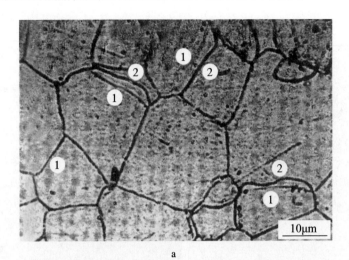

图 2-58 原位二次热腐蚀晶粒及晶界形貌的对比

a—1150℃，10min；b—1260℃，10min

1—移动前晶界；2—移动后晶界

热腐蚀过程中的晶界迁移，如图 2-59 所示。

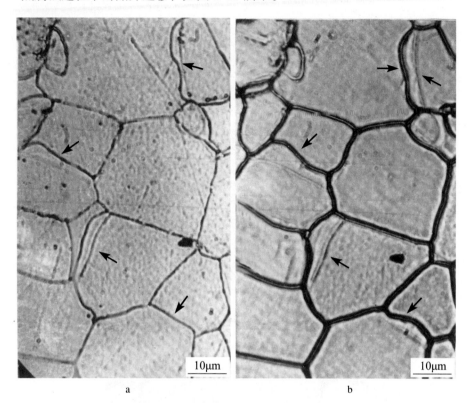

a   b

图 2-59 热腐蚀过程中的晶界迁移（均为同一视域）

a—1150℃，10min；b—1260℃，10min

PLZT 瓷热腐蚀时晶界向曲率中心迁移，如图 2-60 所示。

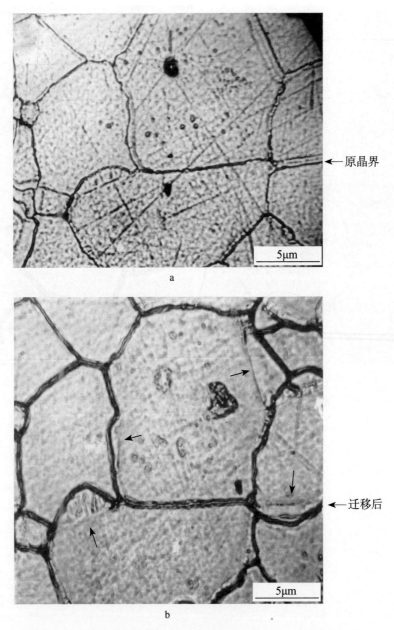

图 2-60　PLZT 瓷热腐蚀时晶界向曲率中心迁移（均为相同视域）

a—1150℃，10min；b—1260℃，10min

经热腐蚀后的三交点晶界处晶界的迁移，如图 2-61 所示。

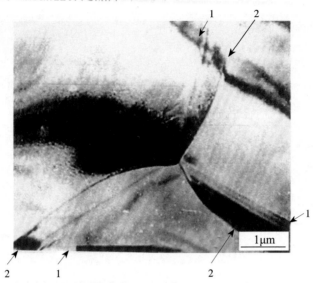

图 2-61　经热腐蚀后的在三交点晶界处晶界的迁移，三个晶界依次迁移（TEM）

1—原位置；2—迁移后位置

在 T_c 为 220℃的 PTC 陶瓷的显微结构图中出现中凹晶粒，如图 2-62 所示。

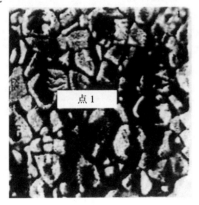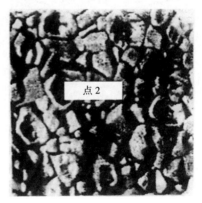

图 2-62　在 T_c 为 220℃的 PTC 陶瓷的显微结构

图 2-62，在 T_c 为 220℃的 PTC 陶瓷显微结构中观察到中凹晶粒，经电子探针测定晶界区点 1 及晶粒中心凹下区点 2 的组成如下：

PTC 陶瓷	点 1	点 2
PbO 含量	23.7%	17.9%
相应 T_c	216℃	190℃

表明下凹处已失铅。

PLZT 陶瓷热腐蚀后出现的凸出或下凹现象，如图 2-63 所示。

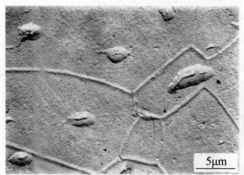

PLZT：8/67/33

图 2-63　PLZT 陶瓷经热腐蚀后出现凸出或下凹

这种现象尚无法解释，有可能与图 2-62 PTC 半导瓷表面出现的下凹有相似原因。

BaTiO$_3$-SrTiO$_3$-CaZrO$_3$ 电介质表面和 BaTiO$_3$ 瓷表面如图 2-64 所示。

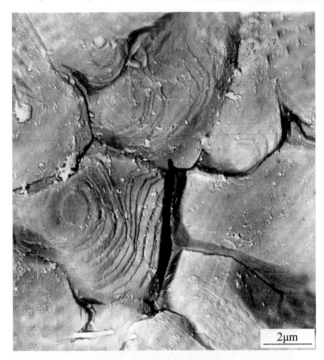

BaTiO$_3$-SrTiO$_3$-CaZrO$_3$

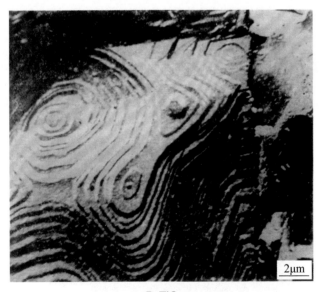

BaTiO$_3$

图 2-64　BaTiO$_3$-SrTiO$_3$-CaZrO$_3$ 电介质表面和 BaTiO$_3$ 瓷表面（经热腐蚀）

热腐蚀后观察到的重结晶台阶，台阶中心对应光轴方向，如图 2-65 所示。

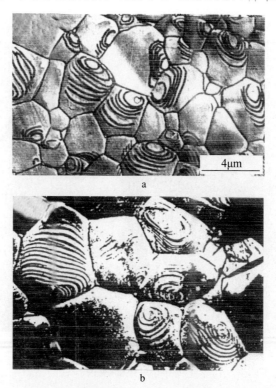

图 2-65　热腐蚀后观察到的重结晶台阶，台阶中心对应光轴方向

a—铌酸盐压电瓷；b—PZT 压电瓷

2.6　晶粒异常生长和晶界远心迁移

BaTiO$_3$ 基高压电容器瓷中出现的异常生长的晶粒，如图 2-66 所示。

图 2-66　BaTiO$_3$ 基高压电容器瓷中出现的异常生长的晶粒

PLZT 瓷热压烧结时的晶粒异常生长，晶界向心迁移（TEM），如图 2-67 所示。

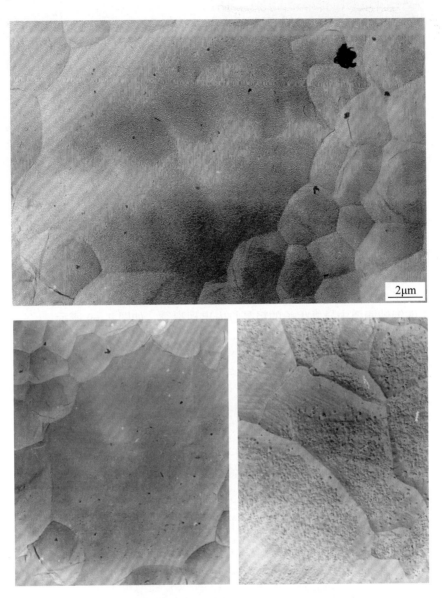

图 2-67 PLZT 瓷热压烧结时的晶粒异常生长，晶界向心迁移（TEM）

PLZT 瓷热腐蚀时晶界远心（或离心）迁移，如图 2-68 所示。

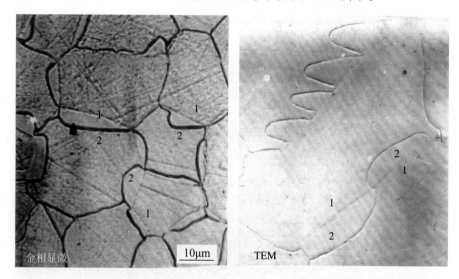

图 2-68　PLZT 瓷热腐蚀时晶界远心（或离心）迁移

1—晶界原来位置；2—新位置（TEM）

铌酸钾钠陶瓷中异常生长的粗晶粒内出现裂纹，如图 2-69 所示。

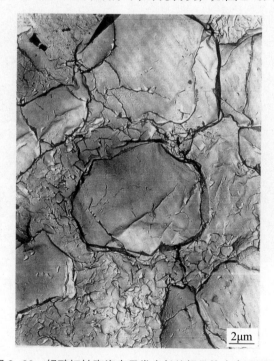

图 2-69　铌酸钾钠陶瓷中异常生长的粗晶粒内出现裂纹

含有异常生长晶粒的 PTC 陶瓷的显微图像，如图 2-70 所示。

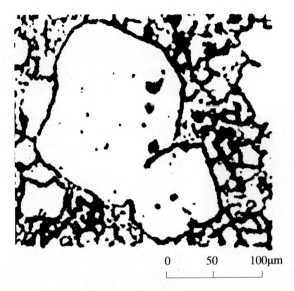

0　　50　　100μm

图 2-70　含有异常生长晶粒的 PTC 陶瓷的显微图像

（居里温度为 240℃，晶粒尺寸：最小 3~10μm、最大 70~100μm）

PTC BaTiO$_3$ 陶瓷中在细晶基底上出现异常晶粒生长，如图 2-71 所示。

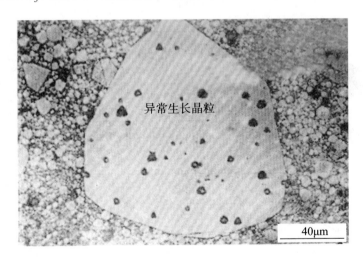

异常生长晶粒

40μm

图 2-71　PTC BaTiO$_3$ 陶瓷中在细晶基底上出现异常晶粒生长

抛光时在表面留下的划痕，由于热腐蚀过程中的晶界迁移而部分消失，如图2-72 所示。

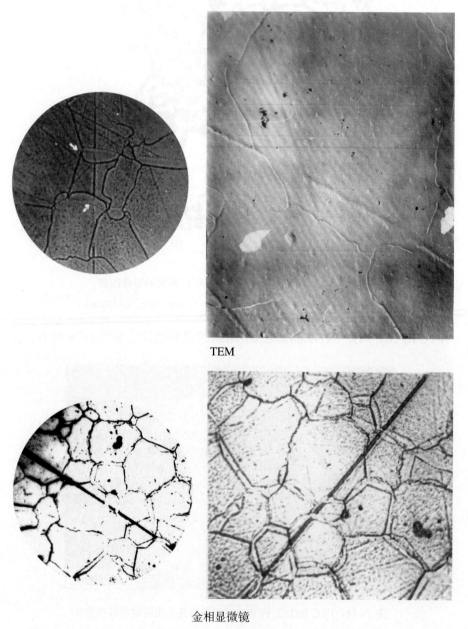

TEM

金相显微镜

图 2-72　抛光时在表面留下的划痕，由于热腐蚀过程中的晶界迁移而部分消失

瓷片表面的划痕由于晶界的迁移而被扫去的现象，如图 2-73 所示。

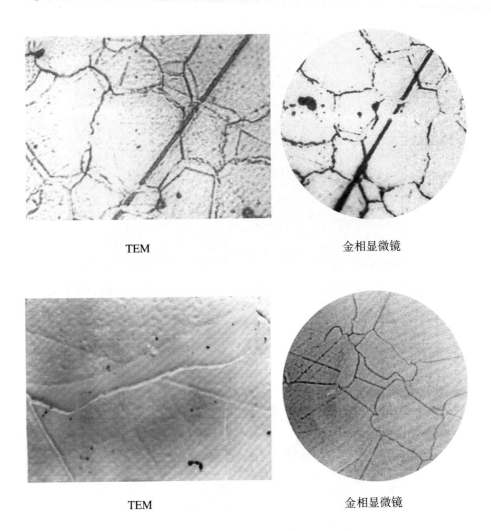

图 2-73 瓷片表面的划痕由于晶界的迁移而被扫去

正交偏光加石膏板观察到热腐蚀过程中晶界迁移扫平陶瓷表面划痕，如图 2-74 所示。

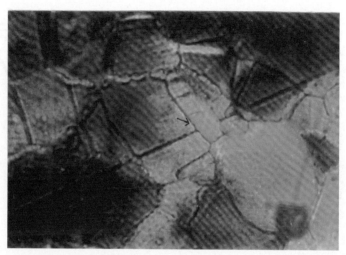

图 2-74　正交偏光加石膏板观察到热腐蚀过程中晶界迁移扫平陶瓷表面划痕

2.7　其他陶瓷典型的显微结构形貌

一种 240℃的 PTC 材料的显微照片，如图 2-75 所示。

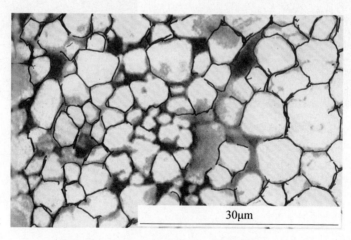

30μm

图 2-75　一种 240℃的 PTC 材料的显微照片

　　由图可以看出晶粒的大小分布。通常晶粒为半导性，晶界为绝缘，当施加电场时，在晶界上要承受更大电场，它比晶粒上可以大百倍。这主要是由于晶界和晶粒的介电率 ε 差别所造成的。晶界的介电率 ε 极小，而晶粒 ε 极大。通常在半导瓷配方中，要加入硅、铝、钛等加入物，以形成晶界绝缘层，增强材料的耐电强度。这种加入物也可抑制晶粒的异常生长。

　　PTC 陶瓷（ T_c 为 240℃ ）的显微结构照片，如图 2-76 所示。

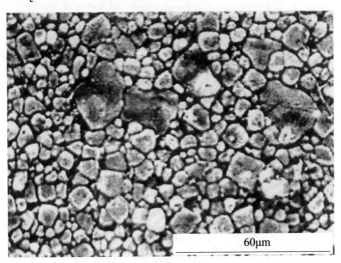

60μm

图 2-76　PTC 陶瓷（ T_c 为 240℃ ）的显微结构照片（SEM）

（含有大、小晶粒，最大 20~25μm，最小 3~4μm）

PTC 陶瓷（T_c 为 300℃）的显微结构照片，如图 2-77 所示。

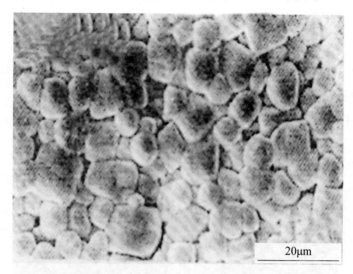

图 2-77　PTC 陶瓷（T_c 为 300℃）的显微结构照片（SEM）

居里温度为 100℃的 PTC 材料的颗粒大小分布，如图 2-78 所示。

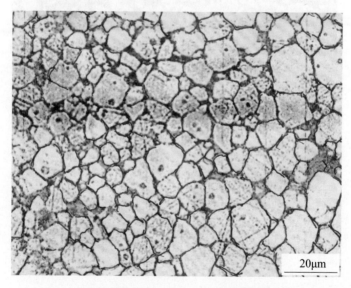

图 2-78　居里温度为 100℃的 PTC 材料的颗粒大小分布

PTC（BaTiO$_3$）陶瓷（T_c=100℃）的显微结构照片，如图 2-79 所示。

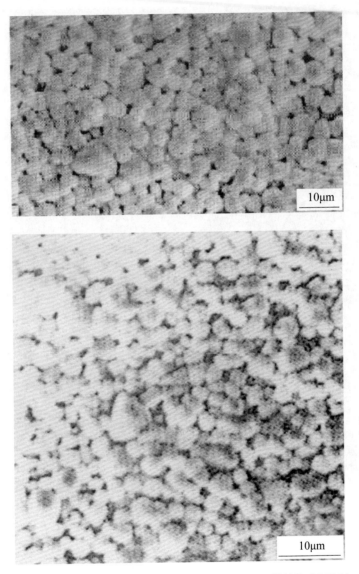

图 2-79　PTC（BaTiO$_3$）陶瓷（T_c=100℃）的显微结构（SEM）

PZT 压电瓷的显微结构形貌，如图 2-80 所示。

图 2-80　PZT 压电瓷显微结构形貌

铌酸钾钠瓷（压电延迟线元件）的显微结构，如图 2-81 所示。

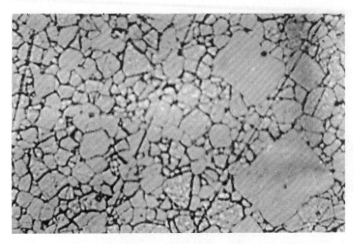

图 2-81 铌酸钾钠瓷（压电延迟线元件）的显微结构

（$NaKNb_2O_6$+5wt%GeO_2，1120℃、30MPa、1h 烧结）

铋层状压电陶瓷在居里温度为 520℃下的显微图像，如图 2-82 所示。

5μm

图 2-82 铋层状压电瓷长条状晶粒在居里温度为 520℃下具有高矫顽场、高稳定性（TEM）

氧化锌变阻器陶瓷经热腐蚀后的显微结构，如图 2-83 所示。

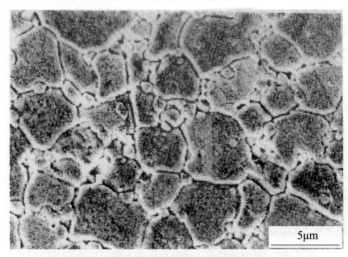

图 2-83　氧化锌变阻器陶瓷经热腐蚀后的显微结构

（主晶相为 ZnO，SEM）

PZT 压电陶瓷不同烧结温度的晶粒结构，如图 2-84 所示。

a b

图 2-84　PZT 压电陶瓷不同烧结温度的晶粒结构

（PZT 组成：$Pb_{0.92}Sr_{0.05}Zr_{0.53}Ti_{0.47}$+0.5wt% GeO_2，TEM）

a—1248℃烧成；b—1280℃烧成，烧结温度过高

高纯氧化铝陶瓷的显微结构，如图 2-85 所示。

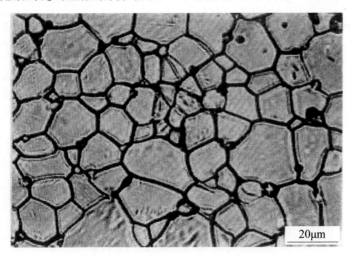

图 2-85 高纯氧化铝陶瓷的显微结构

（αAl$_2$O$_3$ 为主晶相，含玻璃相和气孔，反光）

掺 Nb$_2$O$_5$ 和 SiO$_2$ 的氧化铝陶瓷 1600℃真空烧结有许多气孔，如图 2-86 所示。

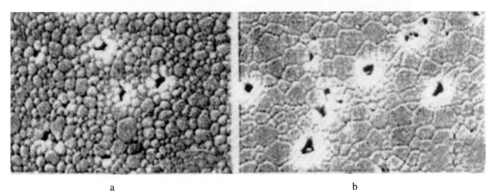

a   b

图 2-86 掺 Nb$_2$O$_5$ 和 SiO$_2$ 的氧化铝陶瓷 1600℃真空烧结发现许多气孔

（S.H.Lee，JACS，2009，92（7）：1456~1463）

a—0.06wt%SiO$_2$；b—0.14wt%SiO$_2$

掺 Nb_2O_5 和 SiO_2 的氧化铝陶瓷 1700℃真空烧结气孔较少，如图 2-87 所示。

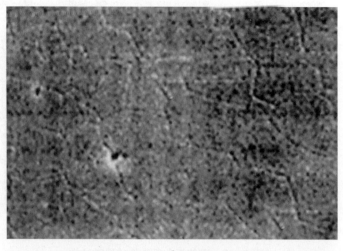

图 2-87　掺 Nb_2O_5 和 SiO_2 的氧化铝陶瓷 1700℃真空烧结气孔较少

（S.H.Lee，JACS，2009，92（7）：1456~1463）

a—0.06wt%SiO_2；b—0.14wt%SiO_2

滑石瓷的显微结构如图 2-88 所示。

图 2-88　滑石瓷的显微结构

（经化学腐蚀：0.5% HF 溶液处理 15min，TEM）

生物瓷（牙科瓷）主晶相是氧化磷灰石，如图 2-89 所示。

图 2-89　生物瓷（牙科瓷）主晶相是氧化磷灰石（SEM）

透明陶瓷与不透明陶瓷显微结构对比，如图 2-90 所示。

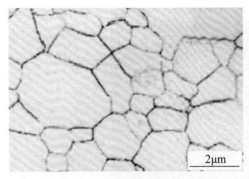
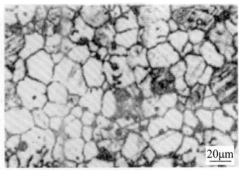

透明 PLZT 陶瓷，无杂质、气孔极少　　不透明 BaTiO$_3$ 陶瓷，晶界存在第二相，气孔多

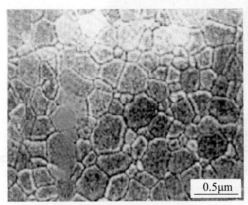
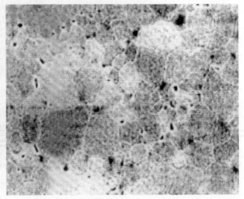

透明氧化铝陶瓷，气孔率 0.002%，　　　不透明氧化铝陶瓷，气孔率 0.59%，

透光率 46%，波长 640nm　　　　　　　　透光率 0.2%

图 2-90　透明陶瓷与不透明陶瓷显微结构对比

（D.T.Jiang，JACS，2008，91（1）：151~154）

2.8 陶瓷制备工艺与材料显微结构及性能影响

过量 PbO 对 PLZT 透明瓷透过率的影响，如图 2-91 所示。

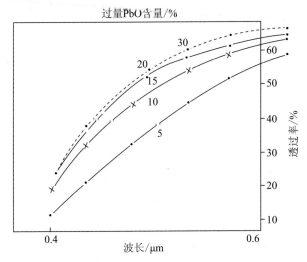

图 2-91　过量 PbO 对 PLZT 透明瓷透过率的影响

（热压条件：1150℃、30MPa、3h，1220℃、30MPa、16h）

由于过量液相 PbO 的存在，有利于烧结初期的颗粒重排。而在烧结后期，液相有利组分的互扩散，使组成分布均匀，从而提高透过率，最后试片中游离氧化铅全消失。

通氧或通氮下热压烧结 PLZT 瓷片的显微照片，如图 2-92 所示。

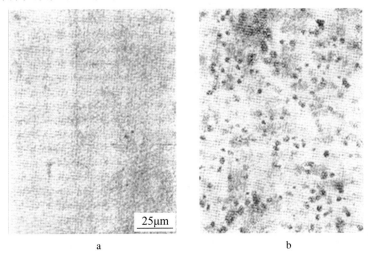

图 2-92　通氧或通氮下热压烧结 PLZT 陶瓷的显微照片（透光）

a—通氧烧结通过率 46%，气孔极少；b—通氮烧结透过率 11%，大量气孔

热压过程中烧成气氛对 PLZT 样片透过率的影响，如图 2-93 所示。

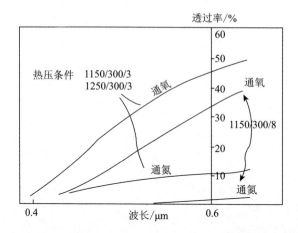

图 2-93 热压过程中烧成气氛对 PLZT 样片透过率的影响

PTC 陶瓷的伏安特性和晶粒异常生长的关系，如图 2-94 所示。

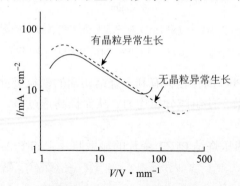

图 2-94 PTC 陶瓷的伏安特性和晶粒异常生长的关系

含有异常生长晶粒的 PTC 试片，其耐电压约 50V/mm；不含有异常生长的晶粒的材料，其耐电压 >200V/mm。

因为含有异长生长晶粒的材料，在加热或冷却过程中，粗晶粒沿晶轴方向的尺寸变化，比周围晶粒更大。R.W.Davidge 曾指出：在烧制时，从高温下降，形成晶粒相互间不同的冷却收缩，构成弹性应变能，它与晶粒直径的三次方成正比，所以晶粒越大形成内应力越大。

PTC 试片在应用中，要经受反复的电场冲击，促使裂纹逐渐扩展，最后使片子破裂。这类废品在电检中占很大比例。它表现为电检前，片子强度正常。打耐压后，片子内已存在巨量应变能，在放置过程中逐渐释放，形成内裂。隔一定时日，片子取出后，在台上一掀就裂；或在搬运中，因为颠簸或振动，这类看似完好的片子已经一掀就裂。

　　某厂曾发现：电检完好的片子存放一周后，有十多箩筐的几万片，完全一掀就开裂，损失很大。我们当时认为片内有异常生长的粗晶粒是碎裂的主要原因。

　　在半导 PTC 材料中，希望晶粒为半导，而晶界应为绝缘。因此在配方中要引入微量不和钛酸钡相固溶的加入物，通常称它为 AST，即 Al_2O_3、SiO_2、TiO_2，把它们先细磨混合再预烧并粉细后加入。它们能形成绝缘的晶界相，并能在烧结时防止晶粒异常生长，使晶粒大小分布均匀。于是我们就把厂中原来大量开裂的料方，进行组成微调整，烧制后，观察开裂情况，几个配方成分及开裂情况如下：

　　1 号为原来开裂的料　　　　　　　电检破裂百分比: 92 %

　　2 号上述料 100 加入 0.5%PbO　　　电检破裂百分比: 91 %

　　3 号上述料 100 加入 0.4%TiO_2　　电检破裂百分比: 0 %

　　结果表明：3 号料可以完全避免开裂，说明可能原来配方配料时，TiO_2 的量有差异。所以实验表明，用数万片即几十万元损失的代价换来的经验十分宝贵。

　　利用电子探针，可以了解瓷体内的元素分布情况，从而了解制造工艺的效果，如图 2-95 所示。

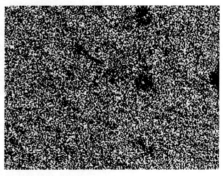

a　　　　　　　　　　　　　　　　b

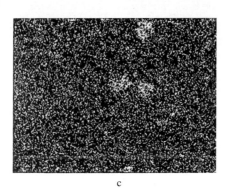

c

图 2-95　高温 PTC 陶瓷（T_c = 255℃，掺 Nb 的 $PbBaTiO_3$ +0.x wt% SiO_2, Al_2O_3）

a—晶粒大小分布；b—铅元素分布的均匀性（电子探针图像）；c—硅元素分布的均匀性（电子探针图像）

高温 PTC 陶瓷的元素分布情况，如图 2-96 所示。

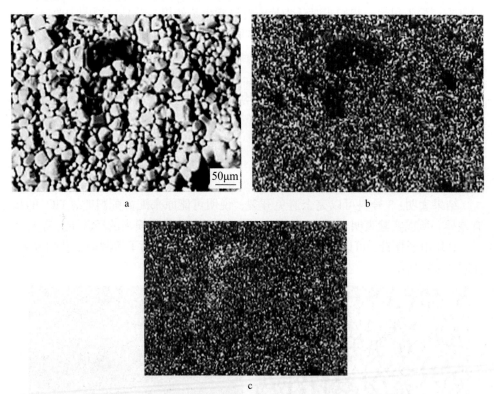

a   b

c

图 2-96 高温 PTC 陶瓷（T_c = 230℃）

a—晶粒大小的分布 (SEM)；b—Pb 元素分布，黑色区表示该区铅元素较贫乏（电子探针图像）；c—Ba 元素分布的均匀性，亮区表示该区钡元素较富集（电子探针图像）

3　PTC 陶瓷的生产工艺与应用

3.1　PTC 陶瓷加热元件技术的发展过程

PTC 陶瓷热敏元件，以 BaTiO$_3$ 居里温度 120℃为分界点，居里温度小于 120℃，称之为低温元件，在限流、滤波、开关等领域应用较为广泛，如汽车传感器、马达启动器、手机芯片等，居里温度高于 120℃称为高温元件，又称之为 PTC 陶瓷加热元件。下面主要介绍高温元件发展过程，由于高温元件主要应用在加热领域，以居里温度来分段，其发展可归结为三个阶段：一是居里温度为 240℃，二是居里温度为 270℃，三是居里温度为 290℃。

PTC 是陶瓷加热元件，居里温度越高，越难解决瓷体所需要的电阻率、耐电压，生产过程中瓷体的脆、裂及使用通电时易碎的一系列技术难点。而居里温度越高，其应用范围就越广，如电烙铁，空调辅助加热器，大功率电锅炉等。PTC 陶瓷加热元件发展方向必须是向高居里温度前行。

20 世纪 70~90 年代，PTC 陶瓷加热元件居里温度的最高水平处于 T_c 在 245℃附近，质量较为稳定的代表厂家是德国的 DBK，日本的 TDK，其三个性能参数参照表如图 3–1~ 图 3–3 所示。电阻率 ≥ $0.65 \times 10^{-5}\,\Omega \cdot mm$，元件耐电压水平 150~250V/mm（注：当时国内的生产技术水平同以上两大公司相比均要差，特别是元件耐电压水平和瓷体的电阻率，性能参数等方面的差距尤为明显）。

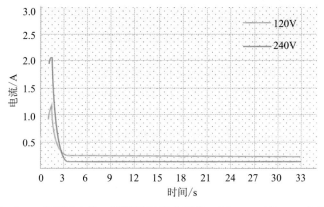

图 3–1　T_c 245℃电流 – 时间特性图（规格：24mm × 15mm × 2.1mm）

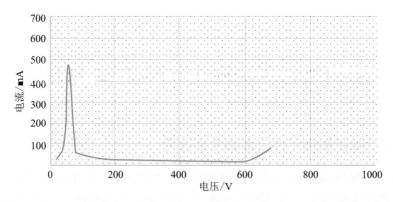

图 3-2 T_c 245℃电压 – 电流特性图（规格：24mm×15mm×2.1mm）

主要参数：
1 测试起始时间：2016/11/17 08:44:47
2 测试结束时间：2016/11/17 16:21:38
3 升温方式：   29.7~200℃，间隔 10℃
               200~350℃，间隔 10℃
               分段均速升温
4 测试起始温度 T_o：   29.7℃
5 起始电阻值 R_o：   1.178E+3Ω
6 25℃电阻值 R_{25}：
7 最小电阻值 R_{min}：   3.133E+2Ω
8 最大电阻值 R_{max}：   4.316E+5Ω
9 最小阻值对应温度：   188.6℃
10 最大阻值对应温度：   314.6℃
11 居里温度 (T_c25)：   257.5℃
12 居里温度 (T_c)：   238.7℃
13 居里阻值：   626.68Ω
14 温度系数 (10/25)：   12.98%
15 温度系数 (15/25)：   15.25%
16 温度系数 (0/15)：   6.24%
17 居里温区：   126.0℃
18 升阻比：   1.377E+3
19 R_{min}/R_{25}：   1

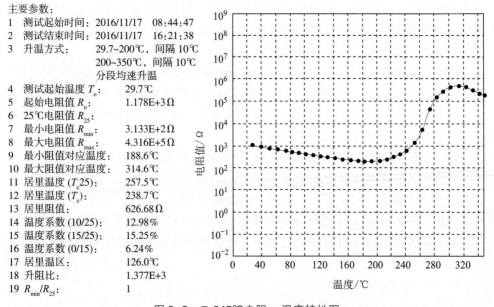

图 3-3 T_c 245℃电阻 – 温度特性图

进入 20 世纪初，PTC 陶瓷加热元件居里温度已突破到 T_c 270℃，电阻率 ≥ 0.55×10^{-5} Ω·mm，元件耐电压水平已达 220~260V/mm，如图 3-4~ 图 3-6 所示。这些性能参数，均是国内几个领头企业的企业标准，超过国际标准水平（以规格为 24mm×15mm×2.1mm 为例，在有充分散热条件下，单纯功率已达 160W 以上，这就为应用大功率需要提供了开发应用的雄厚基础）。

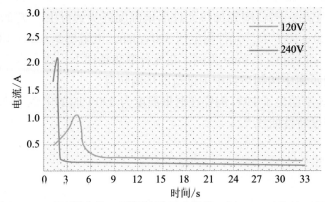

图 3-4 T_c 270℃电流 – 时间特性图（规格：24mm × 15mm × 2.1mm）

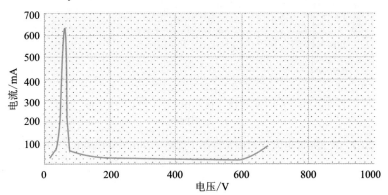

图 3-5 T_c 270℃电压 – 电流特性图（规格：24mm × 15mm × 2.1mm）

主要参数：

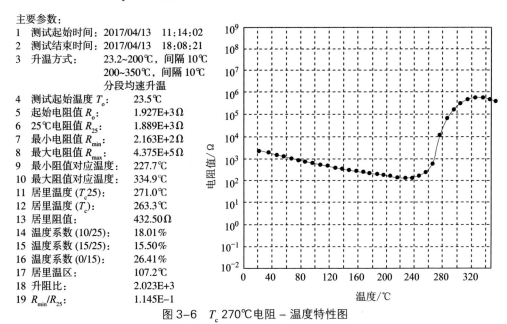

1 测试起始时间： 2017/04/13 11:14:02
2 测试结束时间： 2017/04/13 18:08:21
3 升温方式： 23.2~200℃，间隔 10℃
 200~350℃，间隔 10℃
 分段均速升温
4 测试起始温度 T_o： 23.5℃
5 起始电阻值 R_o： 1.927E+3 Ω
6 25℃电阻值 R_{25}： 1.889E+3 Ω
7 最小电阻值 R_{min}： 2.163E+2 Ω
8 最大电阻值 R_{max}： 4.375E+5 Ω
9 最小阻值对应温度： 227.7℃
10 最大阻值对应温度： 334.9℃
11 居里温度 (T_c25)： 271.0℃
12 居里温度 (T_c)： 263.3℃
13 居里阻值： 432.50 Ω
14 温度系数 (10/25)： 18.01%
15 温度系数 (15/25)： 15.50%
16 温度系数 (0/15)： 26.41%
17 居里温区： 107.2℃
18 升阻比： 2.023E+3
19 R_{min}/R_{25}： 1.145E-1

图 3-6 T_c 270℃电阻 – 温度特性图

　　进入 21 世纪后，PTC 陶瓷加热元件居里温度进步到可生产 T_c 290℃，元件表面温度达（320±10）℃，元件耐电压 320V/min，电阻率 $\geqslant 0.27 \times 10^{-5} \Omega \cdot mm$，以规格为 24mm×15mm×2.3mm 为例，在充分散热条件下，功率可达 200W，这种突破真正体现了由中国制造到中国创造的华丽转身。

　　图 3-7~ 图 3-9 给出了 PTC 陶瓷在居里温度为 290℃时的电流 - 时间、电压 - 电流、电阻 - 温度特性曲线 ❶。

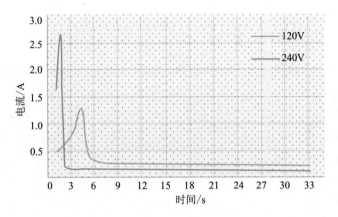

图 3-7　T_c 290℃电流 - 时间特性图（规格：24mm×15mm×2.1mm）

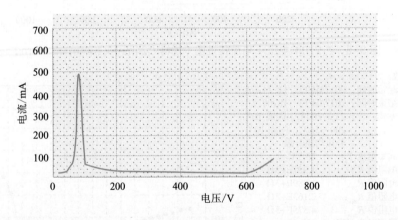

图 3-8　T_c 290℃电压 - 电流特性图（规格：24mm×15mm×2.1mm）

---

❶ 图 3-7~ 图 3-9 所示三种测试数据图，均由佛山市南海蜂窝电子制品有限公司提供。

主要参数：

1　测试起始时间：2017/03/28　11:12:51
2　测试结束时间：2017/03/28　17:55.30
3　升温方式：　　23.2~200℃，间隔10℃
　　　　　　　　200~350℃，间隔10℃
　　　　　　　　分段均速升温
4　测试起始温度 T_o：　23.2℃
5　起始电阻值 R_o：　1.751E+3 Ω
6　25℃电阻值 R_{25}：　1.719E+3 Ω
7　最小电阻值 R_{min}：　1.027E+2 Ω
8　最大电阻值 R_{max}：　1.666E+5 Ω
9　最小阻值对应温度：　264.9℃
10　最大阻值对应温度：　355.9℃
11　居里温度 (T_c25)：　302.1℃
12　居里温度 (T_c)：　288.7℃
13　居里阻值：　205.47 Ω
14　温度系数 (10/25)：　15.83%
15　温度系数 (15/25)：　12.53%
16　温度系数 (0/15)：　20.85%
17　居里温区：　91.0℃
18　升阻比：　1.622E+3
19　R_{min}/R_{25}：　5.976E-2

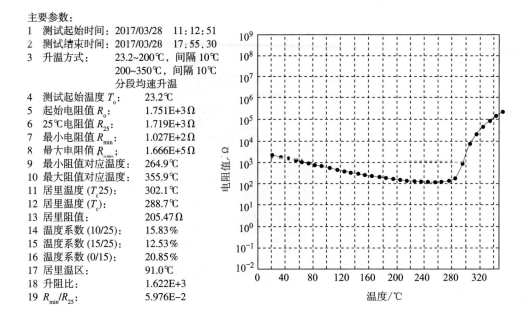

图 3-9　T_c 290℃电阻 – 温度特性图

3.2　PTC 陶瓷加热元件生产工艺发展过程

3.2.1　粉体制备工艺改进

PTC 陶瓷加热元件主材料由 $BaCO_3$、TiO_2、Pb_2O_3 组成，加入少量 Nb_2O_5、SiO_2、Al_2O_3、Li_2O_3、MnO、Y_2O_3 添加剂作为添加料，各种原材料的粒径各不相同，要让它们混合均匀必须放于一起磨细，让每种原材料尽量粒径一致，这样才能充分混合均匀（如图 3-10 所示）。传统制作工艺是用滚筒球磨机（如图 3-11 所示），用玛瑙球、水、料放于一起球磨，利用球体相碰撞来达到磨细和混合均匀的目的，由于自由落体原理，当球磨机转速太快时，则不会让球在最高点产生自由跌落，故此工艺的缺陷就显现出来了，一是磨的细度有限，二是球磨的时间长，搅拌磨的工艺就应运而生，搅拌磨只要搅拌球尺寸搭配合理，并调整转速大小配合，在 2h 内可达到粒度为纳米级，刚好弥补了球磨工艺的不足。国外 PTC 陶瓷加热元件还未采用这种生产工艺，国内 21 世纪已经开始应用。

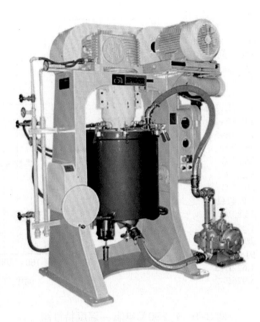

图 3-10　搅拌机

图 3-11　球磨机

3.2.2 PTC 陶瓷加热元件脱水工艺创新

低温元件由于其各原料组成成分的密度相近，所以大部分都采用离心脱水，而高温加热元件，特别是居里点高于 270℃，因其原料组成部分 Pb_2O_3 比例较高，其密度比 TiO_2、$BaCO_3$ 要大得多，用离心脱水（如图 3–12 所示）势必造成分层。采用挤压压滤脱水后（如图 3–13 和图 3–14 所示），PTC 原料的含水量在 50% 以上，由于压滤脱水料的厚度不能太厚（注：在 10~15cm 之间），它与过滤布接触的面积大，造成黏布，浪费 5% 以上，压滤工艺的整个工艺需 10h 左右，这样无论是生产成本还是生产效率均不是理想的生产工艺。

高温 PTC 陶瓷加热元件磨好的浆料，加入少量黏合剂进行离心脱水，注意控制好黏合剂添加量，既要防止浆料在离心机工作时通过滤布流出，又要让其原材料组成部分不分层，只是利用离心机将水同料分离。离心脱水效果可以让原料的含水量在 20% 以内，工作时间只需半小时就可以完成；相比挤压过滤工艺原料含水量 ≥ 50%，按 1t 料来计算，可以节省将 300kg 水烘干的电费，离水脱水工艺原材料的投入和产出比 ≥ 99.9%，真正达到了降低成本提高效率的目的。

图 3–12　离心脱水机

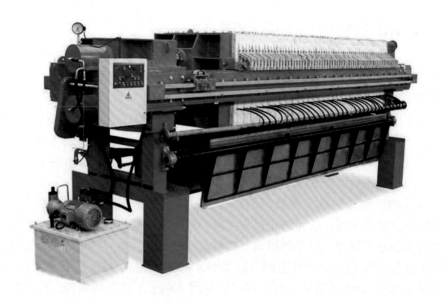

图 3-13　挤压式压滤机

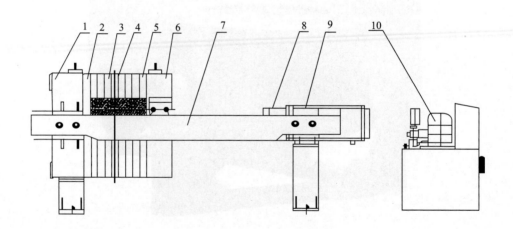

图 3-14　挤压式压滤机原理图

1—止推板；2—头板；3—滤板；4—滤布；5—尾板；6—压紧板；

7—横梁；8—液压缸；9—液压缸座；10—液压站

3.2.3　PTC 陶瓷加热元件成型工艺设备更新

在磨细和混磨均匀的浆料中按比例添加黏合剂，喷雾造粒后根据需要压制不同形状的规格坯片以待烧结。原有的压制坯片方式有两种：一种是油压机通过成型模压制；另一种是冲床机械方式通过成型模具压制成型。这两种压制方式有一个共同的特点，就是单向往下冲压制（如图 3-15 所示）。缺陷是由于粉体造粒成球形颗粒之间有间隙，压制时无法将模框内 PTC 粉体颗粒之间的气体排出并影响烧结时晶粒生成均匀性，二是由于冲压使同一坯片上下层压力受力不均匀，所以其密度不一致，单冲压机没有保压时间，故同一批压制的坯片其密度分散性较大。技改后使用的旋转压片机设备（如图 3-16 所示），其使用轨道式上下双压轮的方式通过压制成型模具，通过调节上下压轮的距离可分段实现预压和压制两个步骤。通过调节转速来调整压制时间可实现保压的目的，这样就完全可将 PTC 粉体颗粒之间的气体排出，坯片上下压力均匀，同一批压制的 PTC 坯片密度均匀。旋转压片机采用多工位冲头方式提高了生产效率，这个设备投入使用后真正达到了高效高质的理想效果。

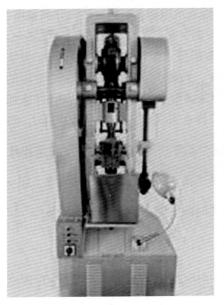

图 3-15　单冲压片机

图 3-16　旋转压片机

3.3　PTC 陶瓷加热元件在加热器中的应用

从应用的角度考虑，必须要先弄清楚 PTC 陶瓷热敏电阻的三个基本特性，然后根据其固有的特性开发其相应的应用领域。

3.3.1 PTC 热敏电阻的电阻 – 温度特性

PTC 陶瓷的电阻 – 温度特性曲线，如图 3–17 所示。

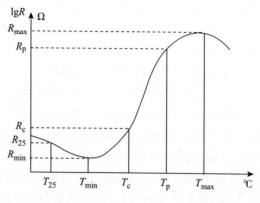

图 3–17 R-T 电阻 – 温度特性曲线

电阻 – 温度特性指在某一规定电压下热敏电阻的零功率电阻值与电阻体温度之间的关系。图 3–17 中横坐标表示温度，纵坐标表示电阻值，图中 T_b 为开关温度，指 PTC 元件 R_{min} 二倍电阻时所对应的温度，开关温度是 PTC 材料的重要参数之一，指电阻值产生阶跃增大时的温度，与物理参数居里点温度是相对应的；R_{25} 为常温电阻，指（25 ± 2）℃时的零功率电阻值。R_{min} 为最小零功率电阻值；相对应的温度为 T_{min}。R_p 表示平行点电阻值，指在 25℃的静止空气中，对 PTC 元件施加最大工作电压 V_{max}（PTC 元件能够长期稳定工作在开关状态下的最大电压），当温度达到平衡时所具有的电阻值，注意该电阻为非零功率电阻，利用欧姆定律计算出来的，$R = \dfrac{I}{V}$（Ω），T_p 表示平衡点温度，是平衡点电阻值所对应的温度。阻 – 温特性求得的电阻温度系数简称 a_T。在温度 T 时的电阻温度系数定义为 $a_T = \dfrac{1}{R_T}$ · $\dfrac{\mathrm{d}R_T}{\mathrm{d}T}$。

在阻 – 温特性曲线上，正温度系数部分的电阻温度系数定义为 T_b 和 T_p 两点的割线的斜率，在单对数坐标纸上，割线可以用下列直线方程表示。

$$\lg R = BT + a \tag{3-1}$$

对 T 微分，则有：

$$\frac{1}{R} \cdot \frac{\mathrm{d}R}{\mathrm{d}T} \lg e = B \tag{3-2}$$

即：
$$a_T = \frac{B}{\lg e} \qquad (3-3)$$

其中，B 为割线斜率，即：

$$a_T = \frac{1}{\lg e} \cdot \frac{\lg R_p - \lg R_b}{T_p - T_b} \qquad (3-4)$$

R_p、R_b 必须在规定的相同电压下测量。在实际测量中，一般在 1.5V 低电压下测得零功率电阻－温度曲线上取 $R_b - 2R_{min}$，找出对应开关温度 T_b，T_b 则为 $T_b + 50℃$，并找出相对应的电阻 $R_b + 50$。为了更详细地了解 a_T 情况，有时会取 $T_p = T_b + 25℃$，R_p 则取相应的 $R_T + 25℃$。图 3-18 是不同居里温度，相同的常温电阻值，在同一零功率环境下测得的 a_T 汇总图。

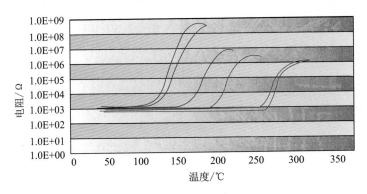

图 3-18　电阻－温度特性图

3.3.2　PTC 元件的电流－时间特性

PTC 元件的电流－时间特性曲线，如图 3-19 所示。

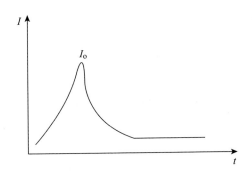

图 3-19　PTC 元件的电流－时间特性曲线

电流－时间特性是指 PTC 元件在施加额定电压过程中，电流随时间变化的特性，开始通电时电流增大的最大的峰值 I_0，称之为起始电流，亦称冲击电流，平行时的电流称之为稳定电流。

这个特性无论是应用在限流，开关或加热器领域均是一个重要特性，下面会重点介绍 PTC 元件在加热器领域中的开发应用。

3.3.3 PTC 元件的电压－电流特性（伏安特性）

PTC 元件的伏安特性曲线如图 3-20 所示。

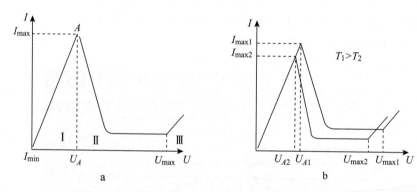

图 3-20 PTC 元件的伏安特性曲线

伏安特性一般指在 25℃的空气中，加在 PTC 元件两端电压达到热平衡的稳态条件下的电流直接的关系，可理解为 PTC 元件在实际工作状态下的电压－电流特性，参看图 3-20a。

PTC 元件伏安特性曲线分为三个区域，如图 3-20a 中 I 区为线性区，此间的电流与电压关系基本符合欧姆定律，即未产生明显的非线性变化，通常称之为等阻区域或不动作区。II 区为跃变区，此时 PTC 元件的自热温升，电阻值产生跃变，致使电流随电压上升而下降，且有一个相当长的平衡区域，此区域视为 PTC 元件工作区。III 区电流随电压上升而上升，此间对应 PTC 元件电阻值随温度上升呈指数型下降，且很快导致元件击穿，III 区亦称击穿区。B 点对应的电压 U_{max} 为最高耐压，亦称击穿电压。A 点对应的电压 U_A 称为最大不动作电压，亦称最小启动电压。对应电流 I_{max}，称最大不动作电流，亦称最大安全电流。

图 3-20b 显示的是不同温度下的 PTC 元件伏安特性曲线，随着温度上升，U_{max}、U_A 及 I_{max} 均有所下降。

伏安特性对 PTC 元件的应用十分重要，首先从伏安特性上可以获取元件在非破坏性情况下的最大电压（击穿电压），为应用时设定额定的电压提供依据，其次可以判定在 PTC 元件是否适合开发应用时的环境条件，特别是使用时的环境温度。蓄热材料上 PTC 元件发出的通导电片、绝缘材料传导到蓄热材料上，将所需加热的物体放于蓄热板上，达到加热目的。

3.4 PTC 陶瓷加热元件在加热器件与设备中的应用

以热传导为主的 PTC 陶瓷加热器，应用方式是 PTC 发出的热量经过元件表面安装的金属电极片（导电兼导热），绝缘层（绝缘兼导热），导热蓄热板或蓄热标等不同形式蓄热物体多层传导的结构方式，传导到所需加热的物体上。图 3-21 是结构原理图。图 3-22~ 图 3-25 是以传导为传热方式的 PTC 陶瓷加热器的发展过程。

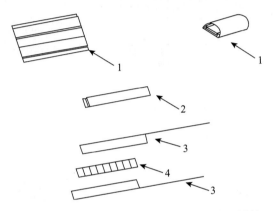

图 3-21　以热传导为主的 PTC 陶瓷加热器的结构原理图

1—蓄热体；2—绝缘套；3—电极；4—PTC

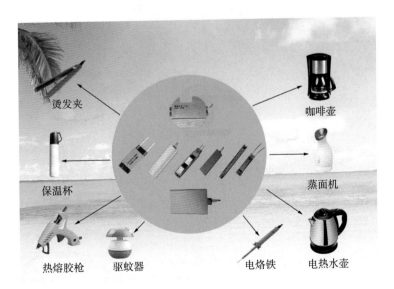

图 3-22　PTC 陶瓷加热器（一）

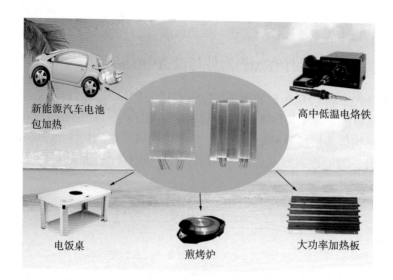

图 3-23　PTC 陶瓷加热器（二）

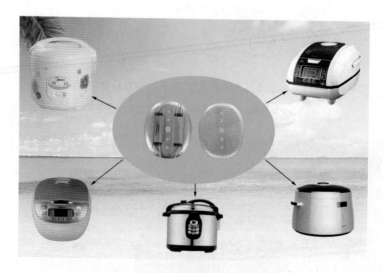

图 3-24　PTC 陶瓷加热器（三）

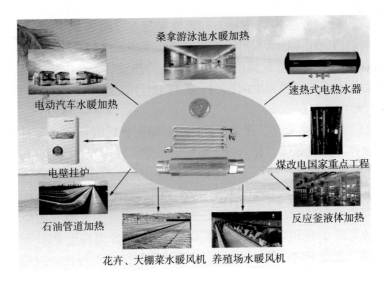

图 3-25　PTC 陶瓷加热器（四）

　　图 3-22 的 PTC 陶瓷加热元件，应用的产品范围其居里温度均 ≤ 245℃，其特点是应用功率小、结构简单，由于 PTC 陶瓷加热器固有的三个特性，使用时具有恒温、发热快（高效）、电热转换率高（节能），使用环境温度和电压范围宽，如电热驱蚊器、暖手器、电烫斗、电烙铁、热熔胶枪、卷发烫发器、保温水杯、豆芽机、电暖手袋等。这些产品的共同特点是对 PTC 元件耐电压，伏安特性及升温时间要求不高，所以在这些应用领域发展较为迅速。

　　图 3-23 是由于加热产品需要，几种不同居里温度混于一起使用，从伏安特性曲线图分析可知，温度越高，PTC 击穿电压越小，所以对 PTC 三个性能参数要求较为提高，主要应用新能汽车锂电池包恒温加热、饭桌、煎烤炉，高、中、低温电烙铁等。这些产品的共同特点是功率在 200W 以上，PTC 居里温度最高用 290℃，所以对 PTC 元件要求较高，特别是在温度高时，要求要高击穿电压。在 PTC 元件技术可以达到居里温度 290℃后，就可在很多要求高的领域得以广泛推广和应用。

　　如图 3-24 所示的电饭煲用 PTC 陶瓷加热元件，当 PTC 陶瓷元件生产技术到居里温度 300℃时，基本上是突破极限，外加现有绝缘导热材料耐温局限，故没有必要局限于元件单方面突破，在以热传导为主的传热方式中，电饭煲应用领域是最值得研究设计的；利用居里点 300℃ PTC 加热元件以满足煮饭时的温度，重要的是其加热过程恒温、高效，不但煮饭时均匀而且不易破坏营养成分还节能，也不因电压波动而影响功率和温度，有安全保障。但问题的关键在于 PTC 是陶瓷元件，它不能折叠，且其散热表面积直接影响其功率和温度，若采取图 3-22

的应用方式设计，经过多层传导，肯定效果很差。图 3-24 中两种不同规格的
PTC 陶瓷加热器应用电饭煲设计，满足了电饭煲煮饭时的温度和保温时的温度要
求，即同时使用不同居里点温度的 PTC 陶瓷加热元件，解决煮饭时可预煮，饭
熟后保温需要不同的居里温度问题。目前，已设计出 2.3L 电饭煲 PTC 陶瓷加热器，
如图 3-24 所示。

　　图 3-25 的应用领域可以领略到设计工程师充分利用了 PTC 元件阻 - 温特性
特点，用水作为散热载体，让其处于跳跃区工作，这样完全能替代部分应用领域
需要功率的传统加热丝，从而达到节能、高效、安全的效果。

　　这里重点介绍一个六角型液体加热器。同一 PTC 加热元件，接通额电压后
当环境温度 T_a 变化时，PTC 加热元件的功率 P 及表面温度 T_s 随 T_a 的变化如图 3-26
所示。在较宽的 T_a 范围内，T_s 能够基本保持恒定的原因在于 PTC 元件具有自动
调节 P 功能，这是 PTC 元件区别于一般发热元件的基本特性。PTC 加热元件的
作用原理如下：

$$P = \frac{V^2}{R} = \delta \left(T - T_c \right) \tag{3-5}$$

式中，δ 为耗散系数，W/℃；P 为发热功率；T 为平衡温度；T_a 为使用时的环境温度；
R 为温度 T 对应的阻值；V 为额定电压。

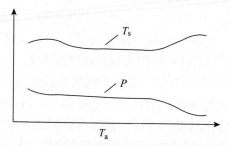

图 3-26　使用环境温度同功率、表温的关系图

　　当 V、δ、T 均为一定时，若电阻的温度 T 升高则电阻值也随之增大（$T > T_s$ 时），
则输出功率下降，导致温度 T 下降，反之亦然。

　　六角型 PTC 陶瓷加热组件，选择的散热介质为流动的水，结构设计截面为
六角型，故接触面积大，水的比热大，保证了耗散系最大化，水的温度不超过
100℃，亦保证了 PTC 元件表温平衡时，确保其工作时电阻在跳跃区，将六角型
内孔设在 70~100mm 之间，不同流量大小的需要，变换组件的不同组合可得到
4~500kW 的 PTC 加热电阻器。这种设计可满足 200℃以下的液体加热领域，如：
游泳池、电采暖工程、化工反应壶、新能源汽车水暖加热、饮水机、电热水器等。

　　这类产品对 PTC 陶瓷加热元件要求比较高，居里温度 ≥ 280℃，最高击穿电

压 ≥ 300V/mm（24mm × 15mm × 2.1mm 规格片），功率 ≥ 180W/PCS；加热器组合器总的最大瞬间电流(I_0)亦是稳定功率的 1.5~2 倍；使用环境温度为 –30~80℃。

现在这种产品，已可以应用于额定电压 600~800V 的电源上，主要是电动汽车、高铁上，如：专利号 ZL 2015 2 0478217.8 产品。

PTC 加热传导致散热器，再由风源吹出热风对流式传热的各种 PTC 陶瓷加热器，其特点是组合 PTC 片较多，因此输出功率大，能自动调节吹出风温和输出热量。

PTC 陶瓷元件散热器表面是带电型，如图 3–27 所示。PTC 陶瓷元件散热器表面不带电的，如图 3–28 所示。PTC 陶瓷元件设计成蜂窝状，直接用对流传播方式。

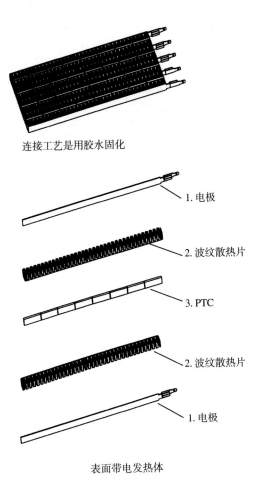

连接工艺是用胶水固化

1. 电极

2. 波纹散热片

3. PTC

2. 波纹散热片

1. 电极

表面带电发热体

图 3–27　PTC 陶瓷元件散热器表面带电

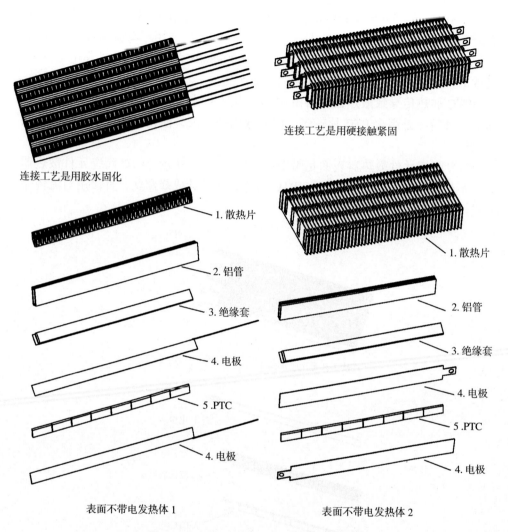

连接工艺是用硬接触紧固

连接工艺是用胶水固化

1. 散热片
2. 铝管
3. 绝缘套
4. 电极
5. PTC
4. 电极

1. 散热片
2. 铝管
3. 绝缘套
4. 电极
5. PTC
4. 电极

表面不带电发热体 1

表面不带电发热体 2

图 3-28 PTC 陶瓷元件散热器表面不带电

　　无论是表面带电型或不带电型,其作用原理如式 (3-5),而式 (3-5) 中耗散系数 δ 在一般情况下可视为定值,若存在空气流动的场合,δ 按下式规律变化。

$$\delta = \delta_0 (1 + h\sqrt{v}) \tag{3-6}$$

　　式 (3-6) 中,v 为风速,δ_0 为风速 $v=0$ 时的耗散系数,h 为形状参数,它与耗散系数 δ 及电阻体形状有关。一般有效散热面积越大,h 值越大,使用过程中可靠性、安全性越高。

　　由式 (3-5) 与式 (3-6) 可知,当发热功率一定时,耗散系数越小,电阻随温度升高而增大,当风速 $v=0$ 时,耗散系数降为最小值 δ_0,若在应用中风源停止,就有可能出现 $v=0$ 的情况,此温度将会直线上升到它的平衡温度,即 PTC 通其固有的阻－温特性，将温度恒定在其额定电压下的表面温度上。PTC 表面现在生产技术 ≤ 310℃，而且能加 1.5 倍以上额定电压，直接无耗散系数，其功率风速成倍下降。因此，即使出现 $v=0$ 的情况下也不会发生危险，这种情况若发生在用镍铬丝作发热体的情况下，当 $v=0$ 时其表面温度高达 700~800℃，且其功率是不变的，很容易造成漏电或火灾等安全事故。

图 3-29 中的 PTC 陶瓷加热元器件所应用的领域均是先传导后对流的传热方式部分典型产品的应用。值得一提的是 PTC 陶瓷加热元件，在提高居里温度技术领域有突破，从而人人拓宽其应用领域，如应用于空调辅助加热器 PTC 加热元件，就是因为突破居里温度 ≥ 290℃，每年应用空调上的就超过 30 亿片。PTC 陶瓷加热元件使用在高温高压上也有历史性突破，如额定电压 600~800V，居里温度 T_c 为 270℃。如图 3-29 中，600~800V 额定电压，应用在新能源汽车中的空气加热器和除霜器，这种技术突破为普及新能源汽车采暖系统提供坚强的高新技术支持，真正做到安全、节能、环保。值得说明的是，这些产品国内均能生产。

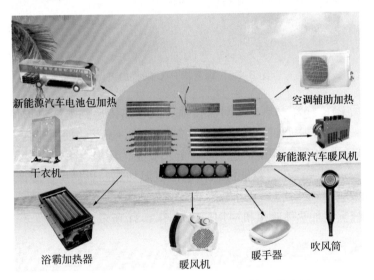

图 3-29 PTC 陶瓷加热元器件部分典型产品的应用

蜂窝状 PTC 陶瓷加热元件如图 3-30 所示。

图 3-30 蜂窝状 PTC 陶瓷加热元件

通电后 PTC 蜂窝发热，由对流传播方式将热传递到需加热物体，这种方式最为直接，省去了中间许多传导环节，结构简单，安装、使用极为方便。由于它集中了 PTC 元件三大应用特点，有安全、节能、环保、耐用，使用时无明火的特点，广泛应用于汽车、新能源汽车电池恒温加热、烘烤房、暖风机、干衣机、吹风筒等领域。

PTC 蜂窝状加热体暖风机应用原理如图 3-31 所示。

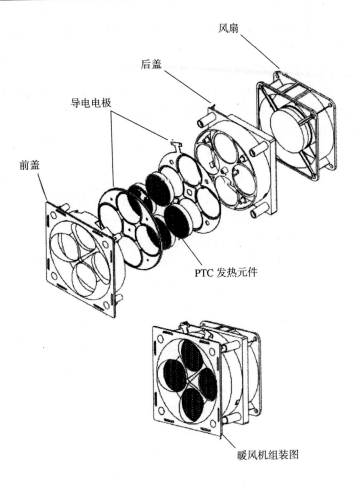

图 3-31 暖风机分解图

如图 3-30 所示,蜂窝状 PTC 元件是在平板状 PTC 材料上制作大量贯穿通孔,孔形有圆形、六角形、正方形和三角形。外形有圆形、三角形、四边形等,加热效果与热体比表面积、居里温度高低有关,与贯通孔形状无关。

结构尺寸与发热性能的关系如下:

(1)外形尺寸:PTC 加热体的发热功率与其加热面积成正比,在内孔尺寸相同的条件下,外形尺寸大的发热功率也大。

(2)贯通孔尺寸:在外形尺寸耗散系数相同的条件下,通孔直径越大,发热功率越小,反之亦然。由于孔径越大风阻越小,因此其发热功率比面积的下降并不明显,但是出其风温却有很明显的变化,孔径越大风温越低,反之亦然。加热体厚度:加热体厚度即贯通孔深度,在其他条件相同时,贯通孔越深,其比面积越大,在厚度为 3~10mm 范围内,其加热功率随厚度的增加而增大,若超过10mm 厚,功率开始随厚度的增加而降低,这是由于 PTC 陶瓷加热元件阻-温特性曲线而决定，当贯通孔越深，其风阻越大，导致耗散系数变小，其温度上升，功率变化式（3-5）可说明。

这里着重介绍大功率吹风筒研发应用过程。蜂窝 PTC 应用在吹风筒在十几年前就有了，其局限于两个方面原因，即居里温度最高只能是 T_c 为 210℃，贯通孔径大小决定其风量和风温，因此一直以来只能应用在小型吹风筒上，且由于未解决 PTC 陶瓷蜂窝跌落易碎问题的缺陷，所以一直无法在电吹风筒的领域推广和使用。

大功率吹风筒的要求是：吹风筒的风速 ≥ 9m/s，风温必须满足 70~90℃，PTC 蜂窝外形尺寸在 ϕ45~55mm 范围，前面已介绍其功率同贯穿孔径大小的关系，要满足风速必须加大穿孔直径，这样功率又不够，功率不够风温自然达不到要求，提高居里温度到 T_c 为 275℃，PTC 蜂窝陶瓷表面（285 ± 10）℃，按吹风筒所需要风速，PTC 加热元件内通孔径需在 2.5mm 以上，这样其功率不够，风温最高只能达到 50℃左右，远不能满足使用要求。既要满足风温又要满足风速，居里温度要提高几乎无可能，只能在蜂窝贯通孔中想办法，根据不同通孔大小，通孔间壁厚的大量实验结果，我们将贯通孔定位在直径为 1.0mm 通孔、间壁厚 0.6mm、中间开孔 ϕ8~10mm。对于大功率吹风筒最佳是结构设计，这种 PTC 蜂窝陶瓷加热器的关键技术是高居里温度（T_c 为 275℃），外形尺寸是 ϕ50mm × 10mm，中间开 ϕ10mm 大孔，故在烧结时必须要保证通孔不能变形，否则影响风速，电阻率必须均匀方能保证产品的一致性。由于中间开孔在烧结时，其效应力不均衡，极其易产生开裂崩缺等次品；由于 PTC 蜂窝陶瓷本来就易碎，加上中间开孔，使用时稍有碰撞就更易碎裂，因此，在设计安装过程中应考虑采取防震措施，如图 3-32 所示。

连接工艺是用螺丝螺母紧固

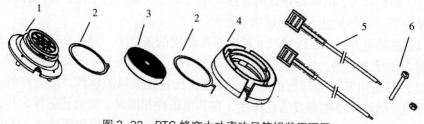

图 3-32　PTC 蜂窝大功率吹风筒组装原理图

1—上壳；2—电极；3—蜂窝 PTC；4—底壳；5—端子连接线；6—螺丝螺母

大功率 PTC 蜂窝状电吹风筒如图 3-33 所示。

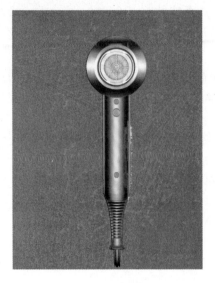

图 3-33   大功率 PTC 蜂窝状电吹风筒

图 3-32 中 4 底壳的保护装置设计，PTC 蜂窝状加热吹风筒可以 4m 跌落试验而保证 PTC 蜂窝加热元件不裂不碎。

从表 3-1 吹风筒实验数据可以得知：通过提高 PTC 陶瓷加热元件的居里温度，合理设计蜂窝状内贯通孔结构，完全可以满足功率吹风筒对加热体的要求。

PTC 蜂窝状加热体应用于吹风筒实验数据，见表 3-1。

表 3-1   PTC 蜂窝状加热体应用于吹风筒实验数据

外形尺寸：$\phi 50mm \times 8mm$　贯通孔直径/壁厚：$\phi 1.0/0.6mm$　使用电压：220V

居里温度/℃	中间开孔直径/mm	终极风速（距出风口 5mm）/m·s⁻¹	功率/W	风温/℃	
				距出风口 5mm	距出风口 10mm
$T_c 245$	未开	5	600	55	47
$T_c 265$	未开	5	750	65	56
$T_c 245$	$\phi 8$	9.8	880	65	57
$T_c 265$	$\phi 8$	9.8	1050	95	80
$T_c 260$	$\phi 8$	9.8	1000	90	75

注：1. 测试环境温度：（25±2）℃；2. 测试室内无大的空气流动。

PTC 蜂窝状加热元件在大功率吹风筒的应用研发成功将会对吹风筒行业产生颠覆性变化的影响；由于 PTC 固有的三个特性，一个 $\phi50mm \times 8mm$ 蜂窝状 PTC，伸用时功率仅为 1100W，其风速风温同现在用的 2500W 金属加热丝的使用效果是一样的，节能效果明显。

金属加热丝 2500W 吹风筒风口温度最高达 160℃以上，在使用中很容易造成烫伤，PTC 蜂窝状加热吹风筒，出口温最高 ≤ 90℃，离出风口 5cm，温差只有 10℃范围内，使用时不会烫伤头皮和头发。

当吹风筒风机故障时，金属加热丝温度达 800℃且其发热功率不变仍是 2500W，很容易造成电吹风筒损坏及火灾等安全隐患。PTC 蜂窝状加热体随其温度上升到平衡表温（280±10）℃，其功率急剧下降至几十瓦，甚至几瓦，既不损坏电吹风筒也无其他任何安全隐患。

4 功能陶瓷的重要应用及进展

功能陶瓷是一个多晶体，由许多晶粒组成。这些看起来像石头般的陶瓷，内部会产生一些功能过程。人们知道：学校中早操时，学生在老师的指导下，会迅速向右或向左排齐。在压电陶瓷中，在外加电场的指挥下，同样会产生排列或转向过程。磁性瓷内部的磁畴，也会在磁场作用下排列，使瓷片在某个方向下有磁性吸引力，瓷片会吸在铁门上，这就是棋子挂在棋盘上不会掉下来的原因。利用功能陶瓷中的功能过程，可开发出大量实际应用。近年出现的新技术，如电子、空间、激光、计算机、红外、新能源等，它们之所以广泛得到推广及应用，是在新材料的基础上获得了保证。人们常把具有电、光、磁、弹性、生物、超导及部分化学功能的多晶无机固体材料，称为功能陶瓷。

4.1 压电陶瓷

压电陶瓷在压力下能产生电荷，这种效应称之为压电效应。反过来，施加电讯号，陶瓷会产生机械振动（声波），因此压电瓷能把机械能和电能互相转换，是一种换能器。在空气中，人们靠无线电波（雷达）进行通讯，而在水下或地层中，无线电波的波长短，易被吸收而衰减，无法使用。而声波或超声波频率较低，波长较长，在水中可以传播较远。因此，用压电瓷制造的声纳器件，在海洋中可以起到"千里眼"、"顺风耳"的作用。声纳：Sonar=Sound navigation & ranging，即：导航或测距。

4.1.1 压电陶瓷在国防方面应用及进展

上海硅酸盐所于 1960 年前后接受中科院下达任务，把声纳用压电材料作为中科院"尖端重点攻关项目"，并于 1965 年材料性能赶上国际先进水平，推广生产。提供艇用及海岸用的声纳器件达 18000 多件，满足了军工需要。1981 年 3 月海军司令部、总参装备部及中科院，组织了水声换能器鉴定会。后来我国在海岸先后设置了声纳站，有北海、东海、南海站，监视海洋情况，我国很早就进行核潜艇试验（1967 年 8 月在北京香山，聂荣臻元帅曾组织 09 工程任务会议，其中大量用到声纳元件），敌方潜艇再也不敢闯入我国领海。声纳发射和接收元器件，可以安装在舰艇上，进行流动侦察。2010 年，我国建立了"岸基光纤列阵水声综合探测仪系统"，加上空中雷达站及卫星观测，使我国海陆侦察能力大为增强。

美国专家们认为中国反潜能力已有数十倍提高。

利用声纳还可进行：海洋地质、地貌、航道疏浚、导航、救捞及渔业生产。

利用透明铁电瓷制造的 PLZT 光开关，我所和防化部队合作，开展核闪光护目镜的应用，用于核爆炸时，核闪光的远程观察。我所丁爱丽、罗维根、郑鑫森同志付出了极大精力。

压电陀螺仪是一种压电传感器，可用于测定加速度、冲击或振动量及其变量，是飞行中自动控制的基本元件，如波音 747 就应用它。在船上的雷达天线晃动，会使跟踪失灵，陀螺仪可提高飞行器（飞机、导弹、鱼雷、大炮）的稳定性，及跟踪的准确性，起决定性的作用。

压电引信：在反坦克火箭中，希望炮弹一遇上坦克的钢板，立刻爆炸，不应炮弹落地后再炸，应用压电引信就可以使其瞬间爆炸。上硅所和兵器总公司某所协同研究，已把压电高压激发装置用于反坦克火箭筒中。它在 −20℃ 严寒条件下，可迅速引爆，并曾在靶场上，用坦克进行实战考验。1969 年 3 月 15 日我军在珍宝岛自卫反击战中，就使用反坦克 40 火箭筒，抗击来犯之敌。现已经由两个厂大批量生产。

4.1.2 压电陶瓷在其他方面的应用进展

我所曾把压电瓷供给石油部 923 厂，用作超声测井仪、无绳电声测斜仪，解决 3000m 深的测量问题，增加勘探油层的精确度。还曾提供水产部渔业机械厂，用作鱼探器，它可用来探测鱼群，是带鱼还是黄鱼。压电瓷也可用于地震检测。压电测漏仪可用于市政工程水管检漏。

喷墨打印机中也用到压电瓷，它利用打印的电讯号脉冲，施加到墨水容器的压电瓷片上，引起容器的体积变化，喷出墨点，形成文字完成打印。

超声波检查中，使用 4000 多个压电瓷制成的微型超声探头 0.1mm×0.1mm×0.4mm，用于测定人体软组织、心脏、肝、泌尿科，及了解胎儿性别等。

电子乐器利用压电谐振器及电子振荡器，加上集成电路，可以发出几百种音色。如：钢琴、二胡、笛、箫、提琴、鸟鸣、人声等 250 种音色，创造出轻便、多音色乐器，使几百斤重的钢琴变成几公斤重。

压电瓷做成的发声元件：蜂鸣器，年产量几十万亿件，可用于电子门铃、电子手表、计算机、洗衣机，作为报时或音讯传递元件。音乐卡，声音遥控，防盗报警等都可用它。

压电厚膜、声合成器件，功耗低，对磁卡无影响，可用于对讲机、自动售货机、电子翻译机、立体声系统及手提音响设备。

压电马达，又称驱动器。压电瓷可做成压电马达，因为压电瓷在电场作用下，可以产生机械伸缩，通过机械转换，形成转动或移动。压电马达响应快、转矩大、低噪声，可和电脑匹配，实现智能化。利用电池电压，就可工作。因此应用面极为广泛，如：微型机器人、导弹武器自动描准及跟踪。毫微米马达：用于卫星扫描驱动，及微型机器人驱动。

压电变压器及转换器，可用于手提电脑、掌上电脑中液晶背光电路，还可用于高压电棒：防盗、小型 X 光机及复印机。

利用超声聚焦，从而可用于清洗：从手表到大型航空机械。

压电探头可用于大型土木结构远程监视，例如：了解大桥的健康情况。

压电马达可用于磁悬浮列车、微型医疗设备、三维手术刀及微创技术。导弹自动描准、飞行偏角控制，火星登陆机器人手关节驱动等，我国机器人已大量生产。驱动器还可用于：光盘、磁盘、驱动及航天仪中。

纺织机械是全机械动作，噪声大，速度低。采用压电驱动器，利用机电转换，完全改变了纺织工业面貌，绣花及提花，也均可采用。

压电瓷可做成心音器、脉象仪及血压计，《神医喜来乐》电视剧中的"悬丝搭脉"，现今用脉像仪，完全可以做到。压电瓷做的雾化器，可用于医疗及压电喷泉假山。

压电瓷可用于热声致冷：航天器致冷、电路致冷（30°K）、雷达系统致冷。

超声传声器可用于：电视遥控、电源开关、音量、频道转换、汽车障碍探测，汽车全球定位系统（GPS）也离不开它。

压电滤波器：在通讯电路中它只允许一定频段的电波通过，现代通讯电路中，缺了它就无法工作。收音机、电视机中均离不开它。

压电点火、压电打火机：内含两个很小的压电元柱体 $\phi 2mm \times 4mm$，在弹簧压力下，产生高电压 5~15kV 功率不大。当瞬间高压通过电路中的间隙时，就会高压放电，产生火花，点燃气体为丁烷。它安全可靠，可使用 100 万次以上，已大量销售国外。

压电瓷可用于发电，利用马路上人走的机械动作，就可发电使灯照亮。

4.2　PTC 陶瓷的应用进展

PTC 陶瓷的应用很广泛。人们冬天用到暖风机，夏天用到驱蚊器，其中心部件都用到 PTC 元件。上海硅酸盐所 1979 年就开始开展该材料研究。发现这种材料有一特性：室温附近它为半导体，电阻低，当加上电压 V，产生电流 I，其发热功率为 VI，持续不断加热，当上升到一定温度，称居里温度 T_c 处，材料本身的电阻会突然上升到几十万倍，由于电阻大，电流或加热功率突然下降。如果温度降到比 T_c 低时，材料本身电阻又变小，电流及功率又变大，发热体又恢复升温，往复变化最后达到一个平衡温度，例如 240℃。因此，PTC 陶瓷在 T_c 以下温区内，为低电阻，是发热体。当超过 T_c 时，出现高电阻，使温度不能过热。这时它又起到一个控温开关的作用。所以，它既是一个发热体，又是一个控温体，即：

PTC 陶瓷 = 发热体 + 控温器。它的最大特点是对环境温度及外加电压均可响应，当环境温度高时，它供热少，当环境温度低时，它供热多，即：按需供热。当外界电压低时，它电流人，当电压高时，则电流小。因而使用电压范围很窄，从110~220V 均可。

另外，PTC 陶瓷有一系列的居里温度 T_c，变化材料的组成，它的 T_c 可以从25℃直到350℃，根据不同应用，可选用不同 T_c 的 PTC 材料。近年来广东蜂窝电子公司，还开发了采暖用 PTC 电壁挂炉及热水器。它具有节能、低碳、环保，不受环境温度影响（–20~30℃）的优势。发热功率达到 4.5~8.5kW，已形成一个很大的产业。空调器内加热也可用它，且用量巨大。

PTC 暖风机应用面也很广，暖风机有三种：镍铬丝、石英管、PTC，其热效率分别为：60 % 、40 % 和 96%，说明 PTC 效率最高，节能、不消耗氧气、不过热、安全。特别是从 60% 增大到 96%，这一点对于大量加热应用中，节能意义非常重大。

北方天气寒冷，超市或商铺门口，用热风门帘阻断寒风，用 PTC 暖风机，功率达十几千瓦。夏天驱蚊器中用 PTC 片加热驱蚊药片，使之挥发，功率仅几瓦，即使有时忘记关电源，也不会发生过热危险。最近还开发了 PTC 水暖气片，用水循环经过 PTC 发热器件，功率达 1200W，使房间升温，维持功率约 500W。它安全、房间无气味、还可用于干衣。

PTC 加热片还可用于使飞机叶片加温、防止结冰。有一次飞机飞越秦岭时，机翼上凝结大量冰，使飞机迅速增重，飞机处于非常危险的状态，如今人们用PTC 片加热，可使其不会结冰，安全飞行。

PTC 马达启动器：人们生活中离不开电冰箱和空调器，这类设备中均用到压缩机，它们要不停的启动及停止，启动时要求大的启动电流和启动转矩，当启动后，进入正常运行，则该电路应断开。这种启动和断开的动作，要往复循环数十万次。利用 PTC 马达启动器，可完全满足要求，当人们享受空调及电冰箱时，PTC 元件正在日夜为您服务。

PTC 限流器：在电话线路中，当遇到意外短路或雷击时，会产生大的感应电压。有时由于高压线碰上电话线等情况，会产生过电压或过电流，损坏程控交换机电路，使电讯中断。当电路中引入 PTC 限流器或变阻器后，当产生电路过压或过流时，PTC 限流器的电阻会立刻猛增，使电路中断，保护电路不受损伤。当故障过去后，PTC 的电阻又会立刻下降，恢复通路。不像过去是用保险丝，它损坏后，要在复杂线路中，找出损坏的进行更换，是十分繁杂而费时的难事。

温度传感应用：火车车轴过热保护传感器及液面指示仪。

美容方面应用：PTC 卷发器及烫发器，具有恒温发热，不伤头发，使用安全的优点，受到广泛欢迎，如今生产量巨大。还有一种面部桑拿浴器，它采用 PTC元件加热水，形成蒸汽，用来蒸熏面部，促使面部皮肤中血液循环，从而除去毛孔污垢以美容。如在水中加入药剂，还可起到保健的作用。德国某公司制造一种蒸汽木梳，木梳中可以喷出用 PTC 加热的蒸汽，梳理头发时可以护理头发。

PTC 感冒仪：人们在 24h 内，要吸入 12000 立升空气，再经肺部加工，有时易染上疾病，倘若吸入热空气，能治愈或缓解病情。德国某公司在感冒流行时，开发 PTC 感冒仪，使呼吸道受到热空气及药剂的作用，能预防及治疗感冒。英国的老年人冬天怕脚冷，用 PTC 暖脚器，在 45~50℃恒温，功率约 40W，十分舒服，有利于老人的血液循环及健康。有些人不喜欢空调，而用暖足器。北方冬天早晨，汽车难于发动，只好浇开水加热，费时又麻烦，若在汽车中安装 PTC 岐管加热器，就可冷启动。

其他：茶叶、粮食烘干，均可采用 PTC 发热元件。

PTC 还可用于石油管道加热、游泳池、菜棚、养殖场等水暖加热。

自动售货机在严寒时用它保温，避免读卡机发生故障。这时可用居里温度大于或等于 30℃的 PTC 元件，使之保温，让读卡机能正常工作。PTC 材料的居里温度 T_c 可从 25℃到 350℃，可根据不同应用选用材料。有些发酵器，如冬天制米酒，也可用它恒温。热熔枪加热，及日光灯电子整流器中，均用到 PTC 元件，其他如煮蛋机、电饭堡，均可用到它。PTC 元件已进入人们生活的各个方面。我国 PTC 原料及产品产量已进入世界前列。

关于压电及 PTC 瓷的应用器具图如图 4-1~ 图 4-17 所示。

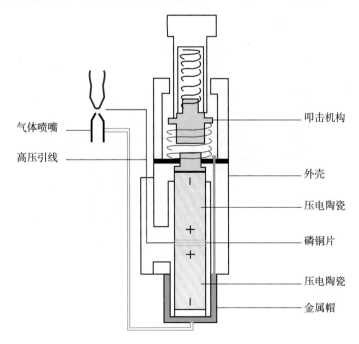

图 4-1　压电点火装置

　　殷之文先生在上硅所老四室中，建立工艺组，使得制造大型压电元件及空心球、水听器等成为可能。满足声纳元件制造技术，等静压压力达 450MPa，能够压制性能均匀的器件，它们在高温、高电压、极化时，不会因织构不均匀而碎裂。其中，我室周恩济同志，在静水压成型工艺中，做出了极大贡献。

图 4-2　用于水声技术的压电陶瓷元件

（片状、圆环及空心球，包含大功率发射换能器、宽带接收发射换能器、

宽带发射换能器及收发两用环扫描换能器）

图 4-3　声纳

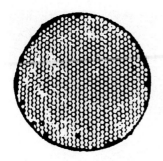

图 4-4　PTC 蜂窝陶瓷发热体

（六角型蜂孔边长 0.56~0.57mm，孔间壁厚 0.37mm，蜂窝体尺寸：直径 $\phi=40mm$，$T_c=210℃$，

具有发热迅速，热效率极高的特点）

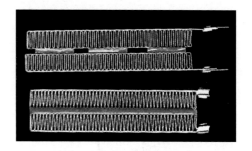

图 4-5　PTC 瓷片　　　　　　　　图 4-6　PTC 翅式发热器件

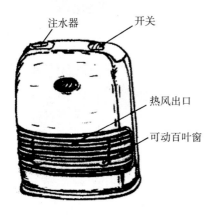

注水器　开关

热风出口

可动百叶窗

图 4-7　PTC 暖风机　　　　　　　图 4-8　PTC 驱蚊器

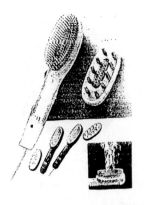

图 4-9　PTC 热风木梳

图 4-10　PTC 烫发器

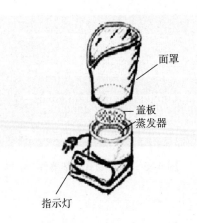

面罩

盖板
蒸发器

指示灯

图 4-11　面部桑拿浴器

图 4-12　PTC 电饭煲

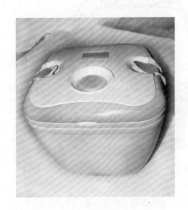

图 4-13　PTC 保温饭匣

图 4-14　小型台式 PTC 热风机

图 4-15　PTC 感冒仪

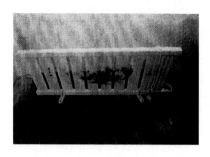

图 4-16　PTC 电水暖器（功率 1200W，
广东佛山蜂窝电子公司）

图 4-17　PTC 脚踏板、用于暖脚

4.3　其他功能陶瓷应用

有一种陶瓷膜材料，它可以分离物质，例如：处理废水，还可以通过微孔膜除去细菌，有的多孔瓷，可使海水淡化。利用铁氧体瓷做成的瓷木，用作房屋结构材料，它阻断电磁波传播，使手机无法使用。我所曾研制一种微波衰减材料可用于防雷达，使目标隐闭，还曾研制出用于介质天线的铁电铁磁材料，它的介电率 ε、磁导率 μ 及品质因素 Q，介于 70~100 之间。

用红外陶瓷做成的热像仪，可快速测定体温。一种气敏陶瓷，可嗅出微量气体，包括引起传染病细菌所释放的气体，检测酒精及煤矿中引起爆炸的气体，如氧化碳及碳氢化合物等。夜光陶瓷在白天经光照后，夜晚发光，作为交通标志。最近人们利用热电元件，可以将热量转化为电，把油灯发生的热气流，直接转换成电压，使收音机可持续工作。有一种手表，利用人体温产生电压，供作电源，让手表长久工作，如：沙漠无人区通讯中继站的电源。人体中包含大量水，利用特殊功能材料，如：磁性瓷、红外瓷、磷酸盐多孔瓷，可以改变水的结构，形成活化水，它呈弱碱性,pH 值升高,有保健及治病的效果。人们日常生活中碰到的,如:电话、电视机、手机、电脑等,都离不开功能陶瓷元器件,电容器、电阻、滤波器、谐振器、微波介质等。从上可见功能陶瓷有广泛的应用,世界年产值达到数百亿美元以上。

4.4 新材料推动技术创新

从上可见,出现一种新材料,就会出现几十种、甚至上百种新技术和新应用。例如:没有压电瓷,就没有声纳技术,海疆保卫就难于实现。许多新技术是建立在新材料的基础上,新材料促使技术创新有了可能。没有压电驱动器,医疗上微创技术及机器人,就难于发展。没有半导体陶瓷(NTC),在非典流行时,就难于快速测定体温。居民新村入口处自动防护门的开关中,离不开磁性陶瓷及磁性材料。

2014 年 6 月在中科院院士会议上,国家主席习近平曾指示:"科技创新是提高社会主义生产力和综合国力的战略支撑,科技创新应摆在国家发展全局的核心位置"。中科院前院长周光召也曾讲:"技术创新,材料先行"。我所的科研实践也表明:研制一种重要的新材料,就会带出大批新技术和新应用,也同时会出现许多新企业。

殷之文院士目光敏锐,从 1960~1980 年,先后提出并完成两项重要的新材料科研项目,为我国技术创新及国防保卫,做出了重要贡献。

参 考 文 献

［1］祝炳和，等 . PLZT 陶瓷的晶界现象［J］. 电子元件与材料，1999，18（5）：13~16.

［2］祝炳和，等 . 电子陶瓷中的晶界（Ⅰ）［J］. 上海硅酸盐，1990（1）：1~11.

［3］祝炳和，等 . 电子陶瓷中的晶界（Ⅱ）［J］. 上海硅酸盐，1990（3）：129~140.

［4］祝炳和，等 . 电子陶瓷中的晶界（Ⅲ）［J］. 上海硅酸盐，1990（4）：193~200.

［5］祝炳和，等 . PTC 陶瓷制造工艺与性质［M］. 上海：上海大学出版社，2001.

［6］殷庆瑞，祝炳和，曾华荣 . 功能陶瓷的显微结构、性能与制备技术［M］. 北京：冶金工业出版社，2005.

［7］Grain Boundary Phenomena in PLZT Transparent Ferroelectric Ceramic Materials［J］. Microstructure & Properties of Ceramic Materials，Proced of the first China-US Seminar，1984：192~201.

［8］李承恩，等 . 功能陶瓷粉体制备、液相包裹技术的理论基础与应用，［M］. 上海：上海科普出版社，1997.

［9］江东亮 . 精细陶瓷材料［M］. 北京：中国物资出版社，2000.

［10］王永龄 . 功能陶瓷性能与应用［M］. 北京：科学出版社，2003.

［11］祝炳和，等 . 电子陶瓷的新进展［J］. 功能材料，1991，22（2）：93~99.

［12］祝炳和，等 . 钛酸钡半导瓷 PTC 现象的机理研究进展［J］. 电子元件与材料，2003，22（11）：21~27.

［13］祝炳和，等 . PTC 元件生产中废品形成的原因探讨［J］. 电子元件与材料，2008，27（1）：2~7.

［14］祝炳和，等 . 生物陶瓷的展望与漫想［J］. 电子元件与材料，2009，28（1）：64~67.

［15］祝炳和，等 . 工艺创新与材料发展——新世纪感想［J］. 电子元件与材料，2001，20（3）：28.

［16］祝炳和，等 . 无机材料化学［M］. 北京：科学出版社，1993.

［17］Qingrui Yin，Binghe Zhu，Huarong Zeng. Microstructure，Property and Processing of Functional Geramics［M］. Springer Press，2009.